Emmanuel Mpianing

Efeitos do Projeto de Desenvolvimento do Arroz no Vale Interior sobre a Pobreza das Famílias

Emmanuel Mpianing

Efeitos do Projeto de Desenvolvimento do Arroz no Vale Interior sobre a Pobreza das Famílias

ScienciaScripts

Imprint

Cover image: www.ingimage.com

This book is a translation from the original published under ISBN 978-3-330-33041-2.

Publisher:
Sciencia Scripts
is a trademark of
Dodo Books Indian Ocean Ltd. and OmniScriptum S.R.L publishing group

120 High Road, East Finchley, London, N2 9ED, United Kingdom
Str. Armeneasca 28/1, office 1, Chisinau MD-2012, Republic of Moldova, Europe
Printed at: see last page
ISBN: 978-620-7-88052-2

CAPÍTULO 1

INTRODUÇÃO

1.1 Contexto

A pobreza é atualmente um problema global que está a receber cada vez mais atenção. Organizações como o PNUD e o Banco Mundial partilham o objetivo de reduzir a pobreza para metade até 2015 (PNUD, 2005). Appleton (1998) defende que o nível de vida deve ser expresso em termos de qualidade de vida e não de quantidade de bens e outros factores económicos. A pobreza é o estado de carência frequentemente associado à destituição, à angústia e à falta de recursos num vasto leque de situações. A pobreza é um conceito subjetivo e comparativo; é moral e avaliativo; tem uma base científica (Mellor, 2000). Enquanto muitas pessoas nascem e permanecem na pobreza, outras experimentam-na numa ou mais fases das suas vidas, evoluem nela e saem dela. A luta contra a pobreza é atualmente o principal objetivo das principais organizações multilaterais de financiamento e desenvolvimento (PNUD, 2005).

No seu estudo, Townsend (1979) indicou que a pobreza absoluta se refere a um padrão de necessidades mínimas que uma pessoa deve ter. A pobreza absoluta é frequentemente determinada em relação a um padrão internacionalmente comparável (limiar de pobreza). A pobreza relativa refere-se a uma abordagem mais relativa da pobreza, em que o nível de vida é comparado com o de outras pessoas na mesma comunidade. Grusky (2006) define a pobreza relativa como a falta de recursos para obter o tipo de alimentos, participar em actividades e ter as condições de vida e comodidades que são comuns ou, pelo menos, amplamente encorajadas e aprovadas nas sociedades a que pertencem. Sen (2006) defende que "a pobreza é um conceito absoluto no domínio das capacidades, mas assume muitas vezes uma forma relativa no domínio dos activos ou das características". A pobreza refere-se à percentagem da população que vive com menos de 1 dólar por dia a preços internacionais de 1993 (Banco Mundial, 2005).

Na Estratégia de Redução da Pobreza no Gana (GPRS 2003), a pobreza é vista como um fenómeno multidimensional com relações interactivas e causais complexas entre as dimensões. A pobreza é definida como uma desvantagem fisiológica e social inaceitável. Pode ser causada ou agravada por uma falta de estabilidade macroeconómica, que esgota os recursos dos pobres através da inflação e de outras variáveis, pela incapacidade da economia nacional de maximizar os benefícios no âmbito do sistema global, por baixas capacidades devidas à falta de educação, de qualificações profissionais e de competências empresariais, por uma saúde precária e por uma má qualidade de vida, baixos níveis de consumo devido à falta de acesso ao capital, aos bens sociais, à terra e às oportunidades de mercado, vulnerabilidade aos choques devido à utilização limitada da tecnologia para atenuar os efeitos das secas, das inundações, das minhocas, das pragas e doenças das culturas e da degradação ambiental. Inclui igualmente hábitos e convenções baseados em superstições e mitos que conduzem a comportamentos anti-sociais, a incapacidade de influenciar os processos sociais e as políticas públicas e a posição de desvantagem das mulheres. Uma estratégia de combate à pobreza deve centrar-se não só nas pessoas atualmente afectadas pela pobreza (seja qual for a sua definição), mas também naquelas que podem estar em risco de pobreza a longo prazo. A luta contra a pobreza exige uma melhor compreensão do processo que a gera ou elimina.

O Relatório sobre o Desenvolvimento 2000/1 do Banco Mundial calcula que cerca de 1,2 mil milhões de pessoas nos países em desenvolvimento vivem com menos de 1 dólar por dia. A situação é mais desesperada no Sul da Ásia e na África Subsariana do que em muitas outras regiões, onde se calcula que 522 milhões e 291 milhões de pessoas são pobres, ou seja, cerca de 46% das respectivas populações totais (Banco Mundial 2001). A pobreza é um fenómeno multidimensional e é causada por uma multiplicidade de factores que também variam de um contexto para outro (Banco Mundial 2001).

Sharp (1996) concluiu que as raízes económicas da pobreza mundial se tornam mais ou menos claras quando se examinam os fundamentos da atividade económica. Para determinar a razão pela qual um determinado país ou comunidade é pobre, é necessário analisar a qualidade da mão de obra, o stock de capital e o nível de tecnologia, todos eles bens escassos na maioria dos países em desenvolvimento, segundo Sharp. Os pobres do mundo vivem sem a mesma liberdade básica de ação e decisão que os ricos e os mais abastados das suas comunidades. As pessoas pobres carecem frequentemente de alimentação adequada, abrigo, vestuário, educação, saúde, emprego e rendimento. A maioria tem uma cultura de poupança pobre, pouco ou nenhum capital e está exposta a todas as formas de privação que frequentemente os impedem de levar uma vida normal. Tudo isto os torna vulneráveis às doenças, às perturbações económicas e às catástrofes naturais (Banco Mundial, 2001).

Como parte dos esforços mundiais para erradicar a pobreza, os países industrializados e os países em desenvolvimento uniram forças para chegar a acordo sobre os Objectivos de Desenvolvimento do Milénio (ODM). Os ODM são, por conseguinte, um desafio que a comunidade mundial lançou a si própria. O primeiro objetivo dos ODM é erradicar a pobreza extrema e a fome de modo a que, entre 1990 e 2015, a proporção de pessoas cujo rendimento é inferior a um dólar por dia seja reduzida para metade e a proporção de pessoas que sofrem de fome seja também reduzida para metade entre 1990 e 2015 (Banco Mundial, 2005). O Gana está a fazer um esforço deliberado para atingir os ODM. Por conseguinte, os objectivos dos ODM foram integrados no quadro de desenvolvimento do país, a Estratégia de Redução da Pobreza do Gana. O Gana está a esforçar-se por reduzir para metade a taxa de pobreza até 2015. No contexto da política de descentralização do Gana, devem ser envidados todos os esforços para utilizar o potencial e os recursos dos distritos como forma segura de reduzir a pobreza. Townsend (1979) mede a pobreza em termos de acesso a sete necessidades básicas: água potável, educação, saúde, saneamento, informação, habitação e alimentação. Por conseguinte, podemos dizer que a luta contra a pobreza se refere a uma situação em que estas necessidades básicas são melhoradas de um nível inaceitável para um nível aceitável.

1.2 Produção de arroz em África

De acordo com o relatório JICA/AGRA (2008), a subsistência da maioria das famílias africanas depende fortemente da agricultura, uma vez que cerca de 70% das pessoas vivem em zonas rurais e 90% destas pessoas trabalham na agricultura. A agricultura contribui para cerca de 25% do PIB de África e a maior parte das exportações são produtos agrícolas. Os ganhos de produtividade e a melhoria da competitividade na agricultura continuam a ser um desafio para a segurança alimentar e o rendimento monetário, mas também para as exportações.

Além disso, a promoção do desenvolvimento das zonas rurais, onde vivem entre 65% e 90% dos africanos pobres, é essencial para reduzir a pobreza - uma prioridade crucial - e alcançar outros objectivos no âmbito dos Objectivos de Desenvolvimento do Milénio (ODM). A produção de arroz em África aumentou de 3,14 milhões de toneladas para 14,60 milhões de toneladas nos últimos 50 anos. Durante este período, a área cultivada aumentou 3,3 vezes, de 2,5 milhões de hectares para 8,2 milhões de hectares, enquanto o rendimento por unidade de área aumentou apenas 30%, de 1,24 toneladas/ha para 1,78 toneladas/ha. Na Ásia, por outro lado, a produção de arroz aumentou de 200 milhões de toneladas para 570 milhões de toneladas durante o mesmo período, com a área cultivada a aumentar apenas ligeiramente, de 107 milhões de hectares para 137 milhões de hectares, enquanto o rendimento por unidade de área aumentou 2,2 vezes, de 1,86 t/ha para 4,18 t/ha (JICA/AGRA, 2008).

Os factos acima referidos mostram que o aumento da produção de arroz na Ásia foi conseguido através de um aumento do rendimento por unidade de superfície, enquanto em África a extensão das áreas cultivadas é o principal fator de aumento da produção total. A produção de arroz em África é altamente concentrada, com apenas alguns países a produzirem mais de 0,5 milhões de toneladas. Os quinze países que produzem mais arroz são, por ordem decrescente, a Nigéria, Madagáscar, Guiné, Mali, Tanzânia, Costa do Marfim, Serra Leoa, República Democrática do Congo, Gana, Senegal, Moçambique, Uganda, Chade, Burkina Faso e Libéria. A produção total destes países representa 94% da produção total de África (JICA/AGRA, 2008).

1.3 Antecedentes do Projeto de Desenvolvimento do Arroz nos Vales Interiores (IVRDP)

O arroz está a tornar-se um alimento básico cada vez mais importante no Gana, juntamente com a mandioca (7,2 milhões de toneladas), o inhame (3,0 milhões de toneladas), os plátanos (2,0 milhões de toneladas) e o milho (1,0 milhões de toneladas). O arroz é o terceiro cereal mais importante cultivado no país, depois do milho e do sorgo (0,4 milhões de toneladas). O rápido crescimento da população, particularmente nas zonas urbanas, e o facto de o arroz ser relativamente fácil de conservar e cozinhar incentivaram esta tendência para o aumento do consumo de arroz (Hara *et al.*, 2001). Embora a produção nacional de arroz tenha aumentado nos últimos seis anos para cerca de 280.000 toneladas, cerca de dois terços das necessidades de arroz do país ainda são importados. Como parte da iniciativa de desenvolvimento socioeconómico "Visão 2020" do Gana, foi dada ênfase à produção de arroz nos vales interiores como uma importante fonte de segurança alimentar nacional, ajudando a reduzir a pobreza e as importações.

[th]Esta ênfase foi reafirmada na Declaração sobre o Orçamento e a Política Económica para 2001,

emitida pelo Governo do Gana em 9 de março de 2001, que afirma no parágrafo 179: "A primeira prioridade é reduzir as importações de arroz em pelo menos 30% (trinta por cento) do valor dos cerca de 100 milhões de dólares gastos anualmente em importações de arroz, a fim de complementar a produção local. A redução das importações de arroz seria substituída pela produção local de 72.000 milhões de toneladas de arroz branqueado, o que criaria empregos e aumentaria os rendimentos nas zonas rurais. Neste contexto, serão adoptadas medidas para garantir que os produtores de arroz sejam abastecidos com variedades melhoradas de elevado rendimento" (Governo do Gana, 2001). Em maio de 1999, o Governo do Gana solicitou financiamento para um projeto de desenvolvimento do arroz nos vales interiores. O projeto proposto estava, portanto, em conformidade com a estratégia do Governo para o desenvolvimento do sector agrícola e com a estratégia de desenvolvimento do Grupo do Banco para o Gana, que se centra na redução da pobreza.

O objetivo do projeto era aumentar o rendimento dos pequenos produtores, comerciantes e transformadores de arroz do país, através do aumento da produção de arroz local de boa qualidade. O projeto pretendia contribuir para melhorar a segurança alimentar e reduzir as importações. Para atingir estes objectivos, o projeto foi estruturado de modo a centrar-se (i) na gestão das terras, (ii) no crédito para o desenvolvimento das culturas, (iii) no reforço das capacidades, (iv) na investigação e nos estudos de adaptação e (v) na coordenação do projeto.

De acordo com Hara *et al* (2001), o custo total do projeto foi estimado em 17,1 milhões de UA, dos quais 8,7 milhões de UA (51%) em moeda estrangeira e 8,4 milhões de UA (49%) em moeda local. O projeto foi financiado pelo Fundo Africano de Desenvolvimento (FAD), pelo Governo do Gana e pelos beneficiários. Os recursos do FAD foram utilizados para financiar a recuperação de terras, o crédito para a produção agrícola, o reforço das capacidades e a coordenação do projeto. A contribuição total do Fundo Africano de Desenvolvimento (FAD), que representa oitenta e oito por cento (88%) do custo total, foi utilizada para cobrir cem por cento (100%) dos custos em moeda estrangeira e setenta e seis por cento (76%) dos custos locais, que representam trinta e sete por cento (37%) do custo total do projeto. A contribuição do Governo do Gana no valor de 2,1 milhões de UA (12% do custo total do projeto) foi utilizada para cobrir os salários do pessoal e os custos de funcionamento e manutenção. Os beneficiários contribuíram com 0,4 milhões de UA, fornecendo mão de obra para os trabalhos de desenvolvimento. O projeto foi executado no âmbito do Programa de Investimento no Sector dos Serviços Agrícolas (AgSSIP). A execução global das actividades do projeto foi levada a cabo pela Direção dos Serviços de Culturas do Ministério da Alimentação e da Agricultura (MOFA).

Esperava-se que o projeto beneficiasse cerca de 10.000 agregados familiares (60.000 pessoas) e criasse 8.500 empregos sazonais adicionais, de acordo com Hara *et al.* 2001. Esperava-se também que contribuísse para um aumento da produção nacional de arroz branqueado, estimada em 13.000 toneladas por ano. Como tal, o projeto poderia contribuir para uma poupança de divisas de cerca de 3,7 milhões de dólares por ano. Espera-se que o aumento da produção resultante do projeto gere mais emprego e oportunidades de rendimento, contribuindo assim de forma significativa para a redução da pobreza nas zonas rurais, uma vez que a ajuda se centra nos pequenos agricultores que produzem e transformam o arroz, em especial as mulheres. No âmbito do projeto, deverão ser criados e/ou reforçados quatrocentos e cinquenta (450) grupos de agricultores e deverão ser formados cerca de 9.000 agricultores. Esperava-se que a criação de grupos e a formação facilitassem a adoção de tecnologias, ao passo que a melhoria das estradas e das vias de acesso também deveria facilitar a distribuição de factores de produção e a comercialização das colheitas. Esperava-se que o aumento da produção de arroz conduzisse a rendimentos mais elevados para os beneficiários do projeto, o que, por sua vez, melhoraria as condições de vida nas zonas rurais.

O projeto foi considerado tecnicamente exequível, socialmente desejável e ambientalmente sólido, e financeira e economicamente viável (Hara *et al.*, 2001). O projeto constitui uma grande prioridade na estratégia de desenvolvimento agrícola do Governo do Gana e é coerente com a visão e a estratégia do Grupo do Banco para o Gana. Atualmente, o Projeto de Desenvolvimento do Arroz no Vale Interior (IVRDP) inclui cerca de 25 locais de projeto seleccionados em dezassete (17) distritos de cinco (5) regiões do país, nomeadamente Ashanti, Brong-Ahafo, Central, Oriental e Ocidental. O projeto abrange três distritos da região de Ashanti: Ahafo-Ano South, Ejisu-Juaben e Ejura-Sekyedumasi. O distrito de Ahafo-Ano South, que constitui a área de estudo, inclui os seguintes locais do projeto: Adugyama (Dwinyama), Potrikrom, Biemso n.º 1, Biemso n.º 2 e Dunyan Nkwanta.

1.4 Definição do problema

Vinte e oito por cento dos ganeses vivem com menos de um dólar por dia (Banco Mundial 2005/2006). Consequentemente, a luta contra a pobreza tornou-se uma parte integrante do programa de desenvolvimento do Gana. Os anteriores esforços de luta contra a pobreza, como a Iniciativa de Educação em Massa, o Programa Integrado de Desenvolvimento Rural, a Operação Alimenta-te e o Programa de Ação para a Mitigação do Ajustamento dos Custos Sociais (PAMSCAD), não conseguiram reduzir significativamente a pobreza no país. De acordo com o Banco Mundial (2000), se os esforços do Gana para erradicar a pobreza se mantivessem a uma taxa de crescimento de 4 a 5 por cento ao ano, seriam necessários 50 anos para erradicar a pobreza. As questões cruciais que ainda não foram abordadas na luta contra a pobreza são as desigualdades geográficas, de género e profissionais da pobreza (GPRS 2003).

Setenta por cento (70%) do arroz consumido no Gana é atualmente importado. A competitividade do arroz ganês, produzido principalmente no norte do país, é baixa, tanto em termos de qualidade como de preço; os pequenos produtores de arroz são, portanto, afectados pela pobreza (JICA, 2007). Apesar dos objectivos sectoriais fixados para o Inland Valley Rice Development Project, o seu impacto não é geralmente avaliado do ponto de vista do país ou mesmo dos agricultores envolvidos. É por isso que este estudo se concentra mais no objetivo do projeto do que nos objectivos sectoriais. O documento de avaliação do projeto apresentado pelo Governo do Gana ao Banco Africano de Desenvolvimento indica que o objetivo do projeto era aumentar os rendimentos dos pequenos produtores, comerciantes e transformadores de arroz do país, através do aumento da produção de arroz local de boa qualidade (Hara *et al.*, 2001). O impacto deste projeto pode, portanto, ser avaliado perguntando até que ponto o rendimento gerado pelo projeto reduziu a pobreza dos agricultores participantes. A questão é saber até que ponto o rendimento esperado do Projeto de Desenvolvimento do Arroz no Vale Interior (IVRDP) ajudou a melhorar os indicadores de pobreza das famílias, como a nutrição, a saúde e a educação das crianças em idade escolar dos produtores de arroz no distrito de Ahafo-Ano Sud.

Tendo em conta o objetivo do projeto, colocam-se as seguintes questões de investigação:

1. Quais são as características socioeconómicas dos produtores de arroz que participam no Inland Valley Rice Project (IVRP)?
2. Qual foi o impacto do IVRP no rendimento do arroz, na área cultivada e no número de ciclos de colheita?
3. Que impacto teve o projeto de desenvolvimento do arroz de Inland Valley nos indicadores de

pobreza dos produtores de arroz do distrito de Ahafo-Ano South?

São estes os temas que serão abordados no presente estudo.

1.5 Objetivo do estudo

O principal objetivo deste estudo é analisar o impacto do Inland Valley Rice Development Project (IVRP) nos indicadores de pobreza das famílias e na produção de arroz dos produtores de arroz participantes no distrito de Ahafo-Ano South. Este objetivo será alcançado através dos seguintes objectivos específicos:

1. Descrição das características socioeconómicas dos participantes no projeto de orizicultura no distrito de Ahafo-Ano Sul.
2. Determinar o impacto do PRVI no rendimento do arroz, na área cultivada e no número de ciclos de colheita.
3. Estimativa do impacto do Projeto de Desenvolvimento do Arroz do Vale Interior em indicadores seleccionados de pobreza do agregado familiar, como a nutrição, a saúde e a educação das crianças em idade escolar dos produtores de arroz no distrito de Ahafo-Ano South.

1.6 Justificação do estudo

Nunca é demais sublinhar a necessidade de reduzir a pobreza em todas as sociedades. O GPRS (2003) mostra que o Produto Interno Bruto (PIB) do Gana deve crescer mais de 7% ao ano para que se verifique uma verdadeira redução da pobreza. É por esta razão que a estratégia a longo prazo do Governo consiste em aumentar o crescimento para uma média de 8% até 2010. A curto prazo, o governo estabeleceu o objetivo de reduzir a taxa de pobreza nacional de 39% em 2000 para 32% em 2005. A redução da pobreza é geralmente vista como sinónimo de desenvolvimento (Salmen, 1992), pelo que os decisores políticos ganeses e muitos estudos deveriam centrar-se na obtenção de taxas aceitáveis de crescimento e desenvolvimento, a fim de reduzir a pobreza.

O Projeto de Desenvolvimento do Arroz no Vale Interior visa aumentar os rendimentos dos produtores de arroz, a fim de reduzir a pobreza entre os produtores de arroz. O projeto está, portanto, em conformidade com os Objectivos de Desenvolvimento do Milénio (ODM), que visam reduzir a pobreza para metade, aumentando os rendimentos dos produtores, comerciantes e transformadores de arroz. Este estudo visa mostrar até que ponto o Projeto de Desenvolvimento do Arroz no Vale Interior contribuiu para reduzir a pobreza entre os produtores de arroz no distrito de Ahafo-Ano South. O estudo deve ajudar o governo a desenvolver e implementar estratégias estratégicas para aumentar os rendimentos da produção local de arroz, a fim de satisfazer a procura local e reduzir as importações de arroz. O estudo também se destina a servir de guia para futuros produtores de arroz, planeadores de desenvolvimento, organizações não governamentais (ONG), incluindo a Agência de Cooperação Internacional do Japão (JICA), que está atualmente a trabalhar com outro grupo de produtores de arroz num projeto sawah no distrito, bem como para decisores políticos e investidores em termos de utilização de recursos e tomada de decisões.

1.7 . Limites do estudo

A questão da dimensão correcta da amostra, considerada representativa na investigação quantitativa, preocupa muitos investigadores das ciências sociais (Sarantakos, 1997). A dimensão da amostra é um fator importante para determinar a validade da generalização estatística (Yin, 1989). Berdie e Anderson (1976) consideram que um valor mais exato para representar a representatividade de um inquérito é o rácio entre o número de respostas e o número total de habitantes da área estudada. Neste contexto, a dimensão da minha amostra é relativamente pequena em comparação com a dimensão da população na área de estudo, embora alguns investigadores defendam que é necessário um mínimo de 100 inquiridos para permitir tirar conclusões estatísticas. Sarantakos (1997) verificou que isto nem sempre é verdade. A pequena dimensão da amostra também significa que é relativamente pouco representativa. O inquérito estava sujeito a restrições de tempo e de recursos, pelo que a dimensão relativamente pequena da amostra pode dever-se a essas restrições.

Foram encontradas dificuldades na interpretação do conteúdo das perguntas para os produtores de arroz com pouco ou nenhum conhecimento da língua local, o Twi. Este facto levou muitas vezes a que as perguntas fossem repetidas pelos enumeradores. Alguns inquiridos mostraram-se relutantes em responder a perguntas sobre variáveis como a idade e a quantidade de arroz colhido, que eram necessárias para calcular o rendimento líquido. Consideravam estas questões confidenciais.

1.8 Organização do estudo

Este estudo está dividido em cinco capítulos. O segundo capítulo é dedicado a uma revisão da literatura relevante para o estudo. Passa em revista a literatura existente sobre as medidas e os indicadores de pobreza, a análise da pobreza, as medidas de redução da pobreza, as dimensões da pobreza no Gana, o papel ou o impacto da agricultura na redução da pobreza e a produção de arroz na redução da pobreza. O terceiro capítulo apresenta a metodologia deste estudo. Apresenta as fontes de dados, o quadro concetual, a recolha de dados e a dimensão da amostra, o método de análise dos dados, a especificação do modelo e o desenvolvimento e validação das hipóteses. O Capítulo Quatro apresenta os resultados e a discussão, enquanto o Capítulo Cinco contém o resumo, as conclusões e as recomendações do estudo.

CAPÍTULO DOIS
REVISÃO DA LITERATURA

2.1 Introdução

Este capítulo centra-se numa análise da literatura relevante para o estudo. A literatura existente sobre medidas e indicadores de pobreza, análises de pobreza, estudos empíricos sobre indicadores de pobreza, medidas de redução da pobreza e o impacto da agricultura na redução da pobreza.

2.2 Medição da pobreza e indicadores

O termo "pobreza" é entendido como uma ou mais das seguintes características: A pobreza é a fome. Pobreza é não ter uma casa. Pobreza é estar doente e não poder ir ao médico. Pobreza é não ter acesso à escola e não saber ler. Pobreza é não ter um emprego. Pobreza é ter medo do futuro e viver da mão para a boca. Pobreza é perder um filho devido a uma doença causada por água não segura. Pobreza é a impotência, a falta de representação e de liberdade. Na maior parte das vezes, a pobreza é uma situação da qual queremos escapar. Tanto os pobres como os ricos querem que o mundo mude para que mais pessoas tenham o suficiente para comer, um teto decente sobre as suas cabeças, acesso à educação e aos cuidados de saúde, proteção contra a violência e uma palavra a dizer sobre o que acontece nas suas comunidades. Uma vez que a pobreza tem muitas dimensões, deve ser avaliada através de uma multiplicidade de indicadores: níveis de rendimento e de consumo, indicadores sociais e indicadores de vulnerabilidade aos riscos e de acesso social e político (Banco Muncial, Poverty net.).

De acordo com o Banco Mundial (2000), a pobreza é uma falta de prosperidade que pode ser vista de duas formas. A primeira é considerar a prosperidade como o poder de dispor de bens em geral, de modo que as pessoas estão em melhor situação se tiverem mais recursos. Neste caso, o que está em causa é saber se os agregados familiares ou os indivíduos dispõem de recursos suficientes para satisfazer as suas necessidades. A pobreza é geralmente medida comparando o rendimento ou o consumo de uma pessoa com um determinado limiar abaixo do qual a pessoa é considerada pobre (Okalang, 2008). Este é o ponto de vista mais comum, em que a pobreza é considerada principalmente em termos monetários. A segunda visão do bem-estar refere-se à questão de saber se as pessoas são capazes de obter um determinado tipo de bem de consumo: se têm comida, habitação, cuidados de saúde ou educação suficientes (Okalang, 2008). Por conseguinte, é necessário ir além das medidas monetárias mais tradicionais da pobreza: a pobreza alimentar pode ser medida se as crianças forem raquíticas ou esbanjadoras; e a pobreza educativa pode ser medida se uma pessoa for analfabeta ou se tiver recebido um nível de educação formal.

Talvez a abordagem mais abrangente do bem-estar e da pobreza seja a de Sen (1987), que defende que o bem-estar deriva da capacidade de funcionar em sociedade. A pobreza surge, portanto, quando as pessoas não têm capacidades importantes e, por conseguinte, têm um rendimento ou educação insuficientes, uma saúde precária, insegurança, baixa auto-confiança, um sentimento de impotência ou uma falta de direitos como a liberdade de expressão. Deste ponto de vista, a pobreza é um fenómeno multidimensional para o qual não existem soluções simples. Assim, embora o aumento dos rendimentos médios contribua certamente para reduzir a pobreza, poderá ter de ser acompanhado de medidas destinadas a capacitar os pobres, a protegê-los dos riscos ou a resolver deficiências específicas, como escolas inadequadas ou um sistema de saúde corrupto.

2.2.1 Razões para medir a pobreza

O Banco Mundial (2005) identifica pelo menos quatro boas razões pelas quais a pobreza deve ser medida. Estas incluem: a) manter os pobres na agenda, b) orientar as intervenções nacionais e internacionais, c) monitorizar e avaliar projectos e intervenções políticas destinadas aos pobres, e d) avaliar a eficácia das instituições cujo objetivo é ajudar os pobres.

De acordo com Coudouel *et al* (2002), são necessárias três componentes para calcular uma medida da pobreza. Em primeiro lugar, devem ser seleccionados a dimensão e os indicadores de bem-estar relevantes. Em segundo lugar, deve ser definido um limiar de pobreza, ou seja, um limiar abaixo do qual um determinado agregado familiar ou indivíduo é considerado pobre. Por último, é necessário escolher uma medida de pobreza que será utilizada nos relatórios para toda a população ou apenas para um subgrupo da população. As duas primeiras componentes são referidas por Kanbur (2001) como o "problema da identificação", ou seja, que pessoas são pobres e quão pobres são. A terceira componente é designada por "problema de agregação", ou seja, a questão de saber qual o grau de pobreza existente (Ravallion, 1992).

2.2.2 Indicadores monetários de bem-estar

Os indicadores de bem-estar podem ser divididos em indicadores monetários e não monetários. As dimensões monetárias do bem-estar são o rendimento e o consumo. A fonte de dados típica para os indicadores e medidas é o inquérito aos agregados familiares (Coudouel *et al.*, 2002).

De acordo com Coudouel et *al* (2002), ao estimar a pobreza através de medidas monetárias, há uma escolha entre utilizar o rendimento ou o consumo como indicador de bem-estar. Segundo Coudouel *et al* (2002), a maioria dos analistas considera que, quando a informação sobre o consumo obtida através de um inquérito aos agregados familiares é suficientemente detalhada, o consumo é um melhor indicador do que o rendimento para medir a pobreza, pelas seguintes razões: a) o consumo é um melhor indicador de resultados do que o rendimento, b) o consumo pode ser melhor medido do que o rendimento e c) o consumo reflecte melhor o nível de vida real de um agregado familiar e a sua capacidade para cobrir as suas necessidades básicas.

2.2.3 Indicadores não monetários de bem-estar

Embora a pobreza seja tradicionalmente medida em termos monetários, tem muitas outras dimensões. A pobreza não está apenas associada a rendimentos ou consumos insatisfatórios, mas também a resultados inadequados em termos de saúde, nutrição e educação, bem como a más relações sociais, insegurança, baixa autoestima e impotência. A aplicação de instrumentos de medição da pobreza a indicadores não monetários implica que o valor do indicador não monetário para uma determinada pessoa ou agregado familiar possa ser comparado com um limiar ou "limiar de pobreza" abaixo do qual se pode dizer que a pessoa ou o agregado familiar não consegue satisfazer as suas necessidades básicas. Alguns exemplos de dimensões do bem-estar para as quais estas técnicas poderiam ser utilizadas (Banco Mundial, 2005) são: a) pobreza em termos de educação, b) pobreza em termos de saúde e nutrição e c) índices combinados de bem-estar.

Pobreza educativa: no domínio da educação, poderíamos utilizar o nível de literacia como critério de definição e um valor considerado como limiar de iliteracia como limiar de pobreza. Outra alternativa seria comparar o número de anos de escolaridade completados com o número de anos que se espera que sejam completados.

Saúde e pobreza alimentar: o estado de saúde dos membros do agregado familiar pode ser visto como um importante indicador de bem-estar. Os analistas podem centrar-se no estado nutricional das crianças como medida deste resultado, bem como na incidência de certas doenças (diarreia, malária e doenças respiratórias) ou na esperança de vida de diferentes grupos populacionais. Se não estiverem disponíveis dados sobre estes resultados em matéria de saúde, podem ser utilizados valores de substituição, como o número de visitas que uma pessoa faz a hospitais e centros de saúde, o acesso a determinados serviços médicos (por exemplo, cuidados pré e pós-natais) ou a medida em que as crianças são vacinadas a tempo, como dados de entrada para o seu futuro estado de saúde.

Este estudo baseou-se em indicadores não monetários e monetários, tais como o estado de saúde do agregado familiar, o estado nutricional do agregado familiar e o nível de escolaridade das crianças em idade escolar no agregado familiar, enquanto o rendimento do projeto do arroz foi utilizado como componente principal para regredir nos indicadores acima mencionados, a fim de determinar o seu impacto nos mesmos.

2.2.4 Análise da pobreza

Devido ao carácter multidimensional da pobreza, não é aconselhável basear-se numa única dimensão ou tipo de indicador (Henry *et al.* 2003). De acordo com Henry *et al* (2003), são utilizados três grupos de indicadores no desenvolvimento do questionário geral para cobrir diferentes dimensões da pobreza:

Grupo de indicadores 1: estes indicadores exprimem os meios para alcançar o bem-estar. Reflectem o potencial de rendimento dos agregados familiares e referem-se ao capital humano (dimensão da família, educação, profissão, etc.), à posse de activos e ao capital social do agregado familiar.

Grupo de indicadores 2: Estes indicadores referem-se à satisfação de necessidades básicas, incluindo o estado de saúde e o acesso a serviços de saúde, alimentação, habitação e vestuário.

Grupo de indicadores 3: estes indicadores referem-se a outros aspectos do bem-estar, como a segurança, o estatuto social e o ambiente. Em muitos casos, um único indicador nem sequer é totalmente fiável para descrever uma determinada dimensão da pobreza.

De acordo com Harold (1999), a técnica mais utilizada para determinar a contribuição de diferentes variáveis para a pobreza é, de longe, a análise de regressão. Uma estimativa de regressão mostra até que ponto cada variável independente está relacionada com a variável dependente (por exemplo, o consumo per capita), *mantendo-se constantes todas as outras influências.* [2]Harold (1999) constatou que o ajuste da equação é geralmente medido através do R ('adjusted R squared'), que varia entre 0 (sem ajuste) e 1 (ajuste perfeito). Não existe uma regra fixa para determinar se uma equação está bem ajustada, embora nos inquéritos aos agregados familiares seja frequente obtermos um R ao quadrado de 0,5 ou mais. Uma alternativa ao estudo das correlações da pobreza utilizando o logaritmo do rendimento per capita como variável endógena é efetuar uma regressão Probit, Logit ou Tobit (Green, 1999). Além disso, as regressões probit/logit são muito mais sensíveis aos erros de especificação do que as regressões lineares.

2.3 . Estudos empíricos sobre indicadores de pobreza

As actividades geradoras de rendimento contribuem para a obtenção de prosperidade. O rendimento gerado por estas actividades deve então ser utilizado para satisfazer necessidades concorrentes, consumo, investimento ou poupança, a fim de alcançar os resultados desejados, que incluem necessidades básicas como a segurança alimentar, a nutrição, a saúde, a água, a educação, a habitação e um ambiente saudável. Numa proposta de projeto apresentada pelo M1MAP-Gana (Aryee e Asante, sem data), um sistema comunitário de monitorização da pobreza deve utilizar indicadores no âmbito da abordagem das necessidades básicas mínimas (NBM) para avaliar o impacto de certas estratégias de redução da pobreza. Estas são necessidades de sobrevivência (rendimento, meios de subsistência, educação básica, literacia e participação política). O Centro para a Agricultura e o Desenvolvimento Rural (CARD) também utilizou indicadores baseados nas necessidades básicas mínimas (NBM), ou seja, necessidades de sobrevivência, de segurança e de capacitação, para avaliar o impacto dos seus programas de microcrédito na cidade de San Pablo (Filipinas) para os trabalhadores sem terra do sector do coco (Chua *et al*, 1999).

Num estudo de Appleton (1998) sobre a evolução da pobreza, o questionário abrangia o rendimento, o emprego, a saúde, a alimentação, a educação, a utilização do tempo e a fertilidade. De acordo com Haddad *et al* (1994), indicadores como o número de refeições, o número de alimentos consumidos, a frequência de consumo e a ordem das refeições na família fornecem informações sobre o estado da segurança alimentar. Ao nível do agregado familiar, os indicadores de segurança alimentar e nutricional incluem variáveis demográficas, tais como a dimensão/composição do agregado familiar, migração, etnia e/ou idade e género. Variáveis de mercado relacionadas com os factores, tais como fontes de rendimento do agregado familiar, mudanças e fluxos de rendimento, e acesso ao crédito, têm sido usadas em diferentes graus como medidas de substituição da nutrição e segurança alimentar do agregado familiar. Dunn (1996) sublinha a utilização de actividades de consumo, produção e investimento na análise de impacto. Barnes (1996) recomenda que a acumulação de activos seja o ponto central da análise de impacto. Os efeitos a considerar a nível individual incluem mudanças de rendimento, a utilização do rendimento (por exemplo, para financiar a escolaridade das raparigas), mudanças de comportamento, como a assunção de riscos, mudanças de estatuto ou mudanças de auto-perceção (Ledgerwood, 1999). Gibbons (1997) observa que a habitação, ou seja, as casas das pessoas, e os materiais utilizados nos seus telhados podem ser um indicador fiável de pobreza relativa. medida que os rendimentos melhoram, é provável que estes materiais mudem. Num estudo realizado por Islam (1997), indicadores sociais como a esperança de vida, a mortalidade infantil, as despesas de saúde e de educação foram tidos em conta na avaliação do impacto dos regimes públicos ou independentes de emprego ou de crédito para os pobres. Handa e King (1997) escolheram a matrícula escolar, a saúde e a habitação como indicadores sociais e o rácio entre as despesas de consumo alimentar e as despesas totais para indicar uma melhoria do bem-estar na sua análise de impacto. A composição do agregado familiar determina em grande medida a capacidade de um agregado familiar responder à mudança. A composição do agregado familiar refere-se ao número de pessoas que o compõem, bem como à sua idade e género. Tem um impacto na quantidade de mão de obra agrícola disponível, determina as necessidades alimentares e nutricionais do agregado familiar e tem frequentemente um impacto na segurança alimentar do agregado familiar (Anderson, 2002).

Existem duas categorias principais de composição dos agregados familiares: agregados familiares chefiados por homens e agregados familiares chefiados por mulheres. Os agregados familiares chefiados por mulheres têm geralmente mais dificuldade em alcançar a segurança alimentar. Tendem a ter explorações agrícolas mais pequenas, rendimentos de culturas mais baixos, menos acesso a factores de produção e menos mão de obra disponível (Spring, 1995). Os agregados familiares chefiados por mulheres também tendem a ganhar menos do que os chefiados por homens, uma vez que são geralmente mais propensos a trabalhar no sector informal do que no sector formal. No Malawi, os agregados familiares chefiados por mulheres representam 42% dos agregados familiares mais pobres, embora constituam apenas 30% de todos os agregados familiares rurais de pequenos agricultores (Gladwin e Thompson, 1997). Segundo Anderson (2002), uma outra subdivisão da composição dos agregados familiares está ligada ao número e à idade das crianças. Os agregados familiares com apenas crianças pequenas não podem facilmente participar em actividades de trabalho intensivo. Os agregados familiares com muitas crianças mais velhas têm mais mão de obra à sua disposição e podem participar em actividades que exigem uma carga de trabalho pesada.

2.4.1 Medidas de luta contra a pobreza

É importante avaliar o impacto das intervenções políticas e das medidas de estabilização implementadas por diferentes países da África Subsaariana para orientar as futuras estratégias de redução da pobreza. Um estudo de caso do Malawi mostra a utilização do Sistema de Monitorização da Segurança Alimentar e Nutricional (FSNM) para gerir e mitigar os efeitos da seca. Os resultados demonstraram claramente a sua utilidade na implementação de medidas de emergência, que também tiveram um impacto positivo nos beneficiários (Babu e Chapasuka, 1997). Segundo Islam (1997), a análise empírica confirma que um rendimento elevado após uma intervenção de redução da pobreza não é uma condição necessária nem suficiente para atingir um nível elevado de desenvolvimento. Por exemplo, uma baixa percentagem das despesas totais com a saúde e a educação pode dever-se a um baixo nível de literacia dos beneficiários. Alderman e Garcia (1994) também referiram que a frequência de doenças na comunidade tinha uma forte influência na saúde, independentemente do rendimento do agregado familiar. Handa e King (1997) observaram que as reformas económicas, como o programa de ajustamento económico na Colômbia e na República Dominicana, aumentaram a pobreza e pioraram a distribuição do rendimento. Na Costa Rica, as medidas de distribuição do rendimento permaneceram inalteradas durante o programa de ajustamento económico. Na Jamaica, o subsequente declínio geral da pobreza foi atribuído ao bom desempenho da agricultura nacional, uma vez que o consumo real aumentou. A proporção de pessoas doentes que procuram tratamento acompanhou de perto a evolução do rendimento médio. O abastecimento de água, o saneamento e a eletricidade também melhoraram significativamente para os pobres. No entanto, os resultados em termos de educação foram fracos.

Num estudo efectuado por Maxwell *et al* (2000) em Accra-Gana, verificou-se que, à medida que o rendimento aumentava, aumentavam também as despesas com a saúde, enquanto as despesas com a educação eram muito baixas. A despesa média mais elevada do agregado familiar era, de longe, a alimentação. medida que o rendimento aumentava, a percentagem do orçamento consagrada à alimentação diminuía. Este resultado é coerente com a relação de Engel entre o rendimento e a percentagem do rendimento gasta em alimentação (Maxwell *et al.*, 2000). Os aumentos de rendimento resultantes da participação em programas de culturas de rendimento como intervenção na Gâmbia, Guatemala, Quénia, Filipinas e Ruanda não conduziram a melhorias na saúde das crianças em idade pré-escolar. Os agregados familiares tinham tendência para gastar mais do seu rendimento adicional em habitação do que em saúde e educação (Kennedy *et al.*, 1992). No Gana e noutros locais, os estudos utilizaram 2.200 kcal/aeu/dia para medir o consumo de calorias (Brown e Kerr, 1997). Num estudo realizado por Maxwell *et al* (2000) em Acra, entre pessoas com diferentes níveis de rendimento, verificou-se que mais de 90% do grupo com rendimentos elevados e, consequentemente, despesas elevadas, satisfaziam as suas necessidades calóricas.

2.4.2 Medir o impacto das políticas de combate à pobreza

Para medir o impacto das políticas de combate à pobreza, são utilizados vários indicadores, como o rendimento. As principais despesas do agregado familiar incluem alimentação, habitação, saúde, educação, vestuário, bens de consumo corrente, serviços domésticos, serviços públicos, transportes, comunicações, lazer, combustível e iluminação, presentes, cerimónias, álcool e cigarros e diversos. Um indicador comum que mede o acesso aos alimentos é a adequação da ingestão calórica. Este indicador mede o acesso aos alimentos e a sua adequação em termos de quantidade, mas não aborda a qualidade dos alimentos (Maxwell *et al.*, 2000). Um modelo proposto por Johnson e Toole (1991) tem em conta tanto a adequação da ingestão calórica como a proporção do orçamento familiar total dedicado à alimentação, e mostra uma estreita relação entre as despesas e a adequação da ingestão calórica. A relação entre a procura de alimentos, o regime alimentar e a pobreza baseia-se em inquéritos sobre as despesas, partindo do princípio de que a ingestão de alimentos aumenta com o rendimento. Johnson e Toole (1991) também notam que a resposta positiva do consumo de alimentos/calorias a um aumento do rendimento é um pressuposto chave subjacente a muitas iniciativas anti-pobreza. A reação do consumo de alimentos/calorias das famílias às mudanças nos níveis de rendimento é captada pela elasticidade do rendimento dos alimentos/calorias. Existem algumas provas de que os aumentos de rendimento são suficientes para melhorar significativamente os regimes alimentares dos pobres. A despesa alimentar é uma medida da disponibilidade de calorias e de outros nutrientes. Bouis *et al* (1992) baseiam-se em métodos de inquérito sobre o consumo alimentar desenvolvidos por nutricionistas, que fornecem estimativas mais exactas dos parâmetros das necessidades nutricionais. Os inquéritos sobre a despesa alimentar e a ingestão alimentar são consistentes com o pressuposto básico de que o consumo de alimentos/calorias responde positivamente ao aumento do rendimento, mas os inquéritos sobre a ingestão alimentar por vezes realçam o facto de que os níveis médios de consumo para alguns grupos de alimentos são bastante diferentes. A maioria das análises do rendimento e da procura de alimentos baseia-se em inquéritos sobre as despesas alimentares.

De acordo com Little (1997), ao avaliar o impacto dos programas de microempresas, as despesas alimentares só podem incluir perguntas sobre a quantidade de dinheiro gasto em seis alimentos principais no mês anterior (um período mais curto se a memória for um problema). Para os inquéritos sobre as despesas alimentares, foi elaborada uma lista exaustiva de alimentos consumidos em cada região. Para cada um destes alimentos, os inquiridos foram questionados se tinham sido consumidos na semana ou no mês anterior, quanto tinham consumido/comprado e qual era a despesa total e/ou o preço unitário; esta informação foi usada para obter uma medida de acessibilidade alimentar. Bouis *et al* (1992) referem novamente que para avaliar os programas/intervenções de culturas de rendimento implementados nas Filipinas e no Quénia, foram recolhidos dados sobre os preços dos produtos alimentares e não alimentares e os dados sobre os preços foram complementados com informações sobre as despesas alimentares e não alimentares obtidas a partir de um registo de sete dias de compras e de alimentos utilizados das reservas do agregado familiar. Foi utilizado um questionário sobre as despesas alimentares e o cálculo do consumo de alimentos e nutrientes do agregado familiar baseou-se no método de recordação. Existe alguma preocupação de que a qualidade dos dados recolhidos se deteriore à medida que o período de recolha se prolonga. No entanto, dado que o mesmo método foi utilizado para os locais de estudo e para o mesmo grupo de pessoas - neste caso, participantes e não participantes - a comparação não é comprometida, uma vez que se assume que os enviesamentos contidos nos instrumentos de inquérito são semelhantes para ambas as amostras. O método recordatório também foi utilizado para determinar as despesas de saúde e a frequência de utilização de cuidados médicos (Kennedy *et al.*, 1992).

Maxwell *et al* (2002), no seu estudo sobre os meios de subsistência urbanos e a segurança alimentar e nutricional na área metropolitana de Accra, no Gana, também utilizaram métodos de recolha para identificar os assadores de refeições, o consumo e as despesas alimentares, as despesas não alimentares e os cuidados de saúde. O aumento das despesas das famílias com a educação (capital humano) é um indicador positivo do aumento do rendimento e deve ser incluído em qualquer abordagem de investigação sobre o rendimento e a riqueza. As despesas com a educação não são particularmente difíceis de recolher e a memória dos inquiridos sobre estes custos é geralmente boa (Little, 1997). Num estudo efectuado por Islam (1997), o impacto da intervenção na educação foi medido em termos de matrículas no ensino primário em percentagem do grupo etário relevante e das despesas de educação em percentagem das despesas totais. As despesas de saúde foram medidas em percentagem das despesas totais. De acordo com Handa e King (1997), se o nível de vida das famílias pobres melhorar, deveremos assistir a uma diminuição do seu rácio alimentar, de acordo com a lei de Engel. A comparação do rácio entre as despesas de consumo alimentar e as despesas totais deu algumas indicações de melhoria do bem-estar. Handa e King (1997) mediram os resultados em matéria de educação utilizando a percentagem de matrículas no ensino primário e secundário, e os resultados em matéria de saúde utilizando a disponibilidade de assistência médica em caso de doença.

2.5 O papel da agricultura na luta contra a pobreza

De acordo com Thomson (2003), as taxas de redução da pobreza estão estreitamente ligadas ao desempenho agrícola - em particular à taxa de crescimento da produtividade agrícola. Em termos simples, isto significa que os países que mais aumentaram a sua produtividade agrícola são também os que mais reduziram a pobreza. No que respeita ao papel da produtividade agrícola na redução da pobreza, Thirtle *et al* (2001) concluíram, numa análise de regressão entre países, que, em média, cada aumento de 1% na produtividade do trabalho agrícola reduziu entre 0,6% e 1,2% o número de pessoas que vivem com menos de um dólar por dia. Em nenhum outro sector económico a correlação entre o crescimento da produtividade e a redução da pobreza é tão forte. Pinstrup e Pandya (1995) descobriram que um dólar extra de rendimento agrícola aumentava o rendimento total em 2,75 dólares no Burkina Faso, 2,48 dólares na Zâmbia, 1,97 dólares no Senegal e 1,96 dólares no Níger. Foi demonstrado que as mudanças tecnológicas na agricultura, com o apoio de instituições e infra-estruturas rurais adequadas, podem aumentar os rendimentos das populações pobres e estabilizar os preços dos produtos alimentares (Kumar, 1993).

Christiaensen e Demery (2007) mostraram que os modelos económicos duais em voga nas décadas de 1950 e 1960 tratavam a agricultura como um sector de subsistência atrasado, do qual era necessário retirar recursos "excedentários". Estes modelos forneceram apoio teórico às estratégias de desenvolvimento orientadas para a industrialização e conduziram a uma orientação urbana no planeamento do desenvolvimento (Lipton 1977) e a sistemas fiscais que sistematicamente sobretaxavam a agricultura (Krueger, Schiff e Valdes 1988). Na altura, havia alguns economistas eminentes: Johnston e Mellor, em 1961, e Schultz, em 1964, desafiaram a visão dominante da agricultura e defenderam que o sector deveria desempenhar um papel central no processo de desenvolvimento, especialmente nas suas fases iniciais. Sublinharam a contribuição crucial do sector agrícola para o crescimento dos sectores não agrícolas e argumentaram que o investimento e as reformas políticas na agricultura poderiam conduzir a um crescimento macroeconómico mais rápido, embora a própria agricultura crescesse provavelmente mais lentamente do que outros sectores. Salientaram também que a introdução de tecnologias de base científica poderia acelerar significativamente o crescimento da agricultura, como demonstrou mais tarde a Revolução Verde na Ásia (Christiaensen e Demery, 2007). Contudo, de acordo com Christiaensen e Demery (2007), na década de 1990, o facto de a África Subsariana não ter conseguido imitar a Revolução Verde da Ásia e a melhoria limitada da produtividade agrícola, apesar de reformas significativas da política agrícola, levaram muitos a questionar o potencial da agricultura para reduzir a pobreza.

O milagre económico da Ásia Oriental alimentou este ressurgimento do "pessimismo agrícola", nomeadamente no que diz respeito à África Subsariana.

Staatz e Dembele (2008) demonstraram de forma convincente que a agricultura é o único motor de crescimento possível nos países de base agrícola, essencialmente pelas seguintes razões: 1. dado que a grande maioria dos pobres vive em zonas rurais, uma aceleração do crescimento agrícola beneficiaria diretamente os pobres; 2. A agricultura tem importantes efeitos multiplicadores do crescimento noutros sectores económicos; e 3. a agricultura e a agroindústria são fontes de vantagem competitiva para as economias africanas, cujos factores de produção são ricos em recursos naturais e em mão de obra não qualificada, abrindo uma via potencial para a aprendizagem e para a geração do excedente agrícola necessário para lançar a indústria transformadora.

Existe uma abundância de literatura que demonstra de forma convincente que a agricultura é o calcanhar de Aquiles do desempenho do crescimento de África (Mwabu e Thorbecke, 2004).

Entre os alimentos de base, o arroz é, sem dúvida, a melhor forma de África reduzir as suas importações (JICA/AGRA, 2008). Prevê-se que os preços do arroz e de outros cereais se mantenham elevados nos mercados internacionais num futuro próximo, devido a uma combinação de factores como o aumento da procura e a alteração dos padrões de consumo em países com economias em crescimento, a concorrência da produção de biocombustíveis à base de cereais e os efeitos potenciais das alterações climáticas (JICA/AGRA, 2008). Por conseguinte, são necessários planos inovadores para ajudar a melhorar a autossuficiência em géneros alimentícios básicos, incluindo o arroz - um grande desafio para os países africanos. Qualquer aumento da produção local substituirá as importações de arroz adquirido em moeda estrangeira. Como mostra o exemplo do Uganda, onde o cultivo de NERICA aumentou os rendimentos dos agricultores pobres (Kijima *et al.*, 2008), é de esperar que o arroz contribua para aumentar os rendimentos dos agricultores. O arroz é uma cultura de rendimento, mas difere de outras culturas de rendimento como o cacau, o tabaco e o café pelo facto de poder ser consumido em casa. Por conseguinte, também é importante em termos de segurança alimentar para os agricultores (Norman e Otoo, 2002). A introdução de novas tecnologias agrícolas, como as variedades de alto rendimento (HYV), que conduziram à revolução verde na Ásia, poderia levar a um aumento considerável da produtividade agrícola em África e incentivar a transição de uma agricultura de subsistência de baixa produtividade para uma economia agroindustrial de alta produtividade (Banco Mundial, 2008).

Mendola (2006) concluiu que a introdução de variedades de alto rendimento (HYV) teve um impacto positivo no bem-estar das famílias no Bangladesh. Mais recentemente, Kijima *et al* (2008) efectuaram um estudo sobre o impacto das NERICAs no Uganda e concluíram que a introdução das NERICAs reduziu a pobreza sem piorar a distribuição do rendimento. Outros estudos que mostram um impacto positivo da introdução de tecnologias agrícolas são Winters *et al* (1998) e de Janvry e Sadoulet (1992). Por outro lado, um estudo efectuado por Hossain *et al* (2003) no Bangladesh mostra que a introdução de variedades de arroz de elevado rendimento teve um efeito positivo nas famílias mais ricas, mas um efeito negativo nas famílias pobres. No Zimbabué, Bourdillon *et al* (2002) concluíram que a introdução de variedades de milho de elevado rendimento apenas aumentou ligeiramente os rendimentos dos utilizadores.

De acordo com Adekambi *et al* (2009), os resultados do efeito de tratamento médio local (LATE) da introdução das variedades NERICA no Benim sobre as despesas familiares per capita, estimados utilizando o estimador florestal proposto por Imbens e Angrist (1994) e o estimador de variável instrumental proposto por Abadie (2003), revelaram um efeito positivo. Os resultados baseados no estimador de variável instrumental de Abadie mostram que a introdução do NERICA aumenta positiva e significativamente a despesa em 147,51 FCFA por pessoa por dia. Os resultados também mostram que a ordem de grandeza do estimador da variável instrumental é muito maior e altamente significativa do que a floresta de 100,71 FCFA. O impacto da introdução do NERICA nas despesas é significativamente mais elevado para as famílias chefiadas por mulheres (161,75 FCFA/dia) em comparação com 128,34 FCFA/dia para as famílias chefiadas por homens (Adekambi *et al,* 2009). Em conformidade com as expectativas anteriores, a estimativa do efeito médio do tratamento com base no método de correspondência da pontuação de propensão é mais pequena e menos significativa do que a estimativa do efeito médio do tratamento local com base em variáveis instrumentais. A estimativa baseada na ponderação inversa da pontuação de propensão (IPSW) é também mais pequena e pouco significativa 60.2 CFA. O aumento da produtividade dos produtores de arroz após a introdução das variedades NERICA (Adegbola *et al.,* 2005) pode explicar estes resultados, dado que a falta de rendimentos suficientes e fiáveis está na origem da insegurança alimentar e da incapacidade de obter recursos sustentáveis para a autossuficiência. Estes resultados indicam que a promoção do cultivo de NERICA pode contribuir para melhorar as despesas/rendimentos dos agricultores e, consequentemente, para reduzir a pobreza, e estão de acordo com as conclusões de Irz *et al.* (2001), que mostram que existe uma ligação estreita entre a produtividade agrícola e a pobreza das famílias.

CAPÍTULO TRÊS

METODOLOGIA

3.1 Introdução

Este capítulo apresenta o quadro analítico do presente estudo. O capítulo inclui uma visão geral do campo de estudo, o quadro concetual, os métodos de análise de dados, incluindo a especificação do modelo, as definições de variáveis, as expectativas a priori, o desenvolvimento e a validação de hipóteses, as técnicas de recolha de dados e a amostragem e dimensão da amostra de inquiridos.

3.2 Panorama do distrito de Ahafo-Ano Sud

O distrito de Ahafo-Ano South é um dos vinte e um (21) distritos da região de Ashanti. Situa-se na parte noroeste da região e faz fronteira a norte com o distrito de Tano South na região de Brong-Ahafo, a sul com o distrito de Atwima, a oeste com o distrito de Ahafo-Ano North e a leste com o distrito de Offinso, todos eles situados na região de Ashanti. ^{ooo}O distrito está situado nas latitudes 6 42"N, 7. 10"N e nas longitudes 1 45"N e 2 20"W. De acordo com o Recenseamento da População e da Habitação de 2000, a população do distrito é de 133 632 habitantes, ou seja, aproximadamente 3,7% da população total da região, que é de 3 612 950 habitantes. A população masculina representa 55,2% e a população feminina 44,8%. A densidade populacional em 2000 era de 107.

3.2.1 Taxa de pobreza comunitária e pobreza pessoal

Um dos problemas sociais mais graves no distrito é o nível relativamente elevado de pobreza. Muitas comunidades atingidas pela pobreza no distrito são caracterizadas pelo fraco acesso a serviços sociais básicos tais como saúde, educação, água e saneamento. Também se reflecte em edifícios em ruínas e na degradação geral do ambiente. A nível pessoal, a pobreza traduz-se na incapacidade do indivíduo ou do agregado familiar de satisfazer as necessidades básicas da vida em termos de alimentação, vestuário e abrigo adequados. A maior parte dos agregados familiares pobres nas zonas rurais são pequenos agricultores, a maioria dos quais são mulheres.

3.2.2 Água e saneamento

As estatísticas disponíveis (relatório CWIQ 2003) indicam que aproximadamente 78% dos habitantes do distrito têm acesso a água potável. O relatório de 2003 da CWIQ indicou que apenas 26,6% dos agregados familiares no distrito tinham casas de banho dentro ou fora das suas casas, que eram na maioria das vezes partilhadas com outros agregados familiares.

3.2.3 Sector agrícola

A agricultura continua a ser o principal pilar da microeconomia do distrito. O distrito está localizado na zona florestal e possui extensas terras aráveis e padrões de precipitação favoráveis. O distrito de Ahafo Ano Sul depende fortemente da agricultura como principal fonte de rendimento, emprego e alimentação, pelo que qualquer ação de desenvolvimento significativa deve necessariamente basear-se na melhoria do desempenho neste sector. Os principais tipos de solo do distrito são terras florestais. O cacau, os citrinos, as palmeiras e as culturas alimentares como a mandioca, a banana-da-terra, os cocos, o milho e os legumes como o quiabo e o tomate são as principais culturas cultivadas no distrito. Áreas como Mankranso, Dwinyama, Kunsu, Dwinyama, Biemso No 1, Biemso No 2 e Petrikrom são conhecidas pelo cultivo de arroz. Os problemas de desenvolvimento da agricultura no distrito são múltiplos e interdependentes e devem, portanto, ser abordados de uma forma abrangente. Estes incluem

- Dependência excessiva da agricultura de sequeiro: as actividades agrícolas do distrito estão ligadas à pluviosidade.

- Acesso limitado ao mercado e apoio infraestrutural: embora o distrito esteja próximo de Kumasi, a capital regional, os agricultores não podem beneficiar da proximidade dos mercados regionais e metropolitanos devido às más condições das estradas e aos produtos não transformados.

3.2.4 Sector da educação

Os estabelecimentos de ensino do distrito são compostos por 89 escolas primárias e 48 escolas secundárias. O número de matrículas aumentou consideravelmente, de 6.222 em 2006 para 9.725 em

2009. Este aumento fenomenal deve-se em grande parte à introdução de taxas de capitação. O total de matrículas no ensino primário em 2009 foi de 18.365, com as raparigas a representarem 46%. Este número representa um aumento de 7% em relação a 2006 (17.117). O distrito tem apenas uma escola secundária, em Mankranso.

3.2.5 Sector da saúde

Os serviços de saúde do distrito estão orientados para serviços integrados, preventivos e curativos, com ênfase nos cuidados de saúde primários. O distrito tem um hospital e outras instalações de saúde. A incidência de malária, doenças infecciosas, diarreia, infecções respiratórias e doenças relacionadas com a gravidez é elevada.

3.2.6 Alimentação eléctrica

A desnutrição e a subnutrição continuam a ser um grande problema de saúde no distrito para as mulheres e crianças, que são particularmente vulneráveis na sociedade. No entanto, estudos empíricos mostram que a maioria dos agregados familiares no distrito registam níveis inaceitáveis de subnutrição e malnutrição. As mães grávidas e a amamentar, em particular, encontram-se num estado nutricional deficiente. O nível de rendimento real do agregado familiar determina se as famílias são capazes de comprar os alimentos de que necessitam. A baixa produção agrícola conduz a um baixo rendimento, o que impede muitas famílias de cobrir as suas necessidades alimentares através de outras fontes. Outras causas de subnutrição são a grande dimensão da família, que aumenta o custo de vida, a diminuição dos rendimentos e a fraca sensibilização das mães para a nutrição, o que leva a práticas alimentares deficientes.

3.3 Quadro concetual

O quadro concetual é a forma de teorizar ou de reproduzir logicamente as relações entre os diferentes factores identificados como importantes para um problema.

A pobreza pode ser conceptualizada de diferentes formas, o que leva a diferenças na compreensão do seu significado e, por conseguinte, na sua definição. Este facto resulta em diferenças nos métodos e indicadores utilizados para estimar o número de pessoas que vivem em situação de pobreza, a extensão da sua desvantagem e os métodos utilizados para medir as mudanças na sua situação. A pobreza é, pois, um conceito socialmente construído com fortes componentes qualitativas e normativas e, como tal, é um conceito relativo. Se o rendimento de um projeto de redução da pobreza aumenta, a nutrição, a saúde e a educação das crianças em idade escolar também melhoram; as melhorias na nutrição, na saúde e na educação das crianças dependem do rendimento. O rendimento é a medida mais comum da pobreza absoluta (tal como o é frequentemente da pobreza relativa, em que é visto como um indicador de privação mais geral). Estudos anteriores sobre o papel da agricultura na redução da pobreza mostram que a agricultura pode ser um instrumento eficaz para reduzir a pobreza nas populações rurais. Em termos dos benefícios do crescimento agrícola para os pobres, foi demonstrado que o crescimento do sector rural na Índia reduziu a pobreza tanto nas zonas rurais como urbanas, enquanto o crescimento económico nas zonas urbanas pouco contribuiu para reduzir a pobreza rural. Outros estudos empíricos mostraram igualmente que o crescimento do sector agrícola reduziu significativamente a pobreza em vários países do Sudeste Asiático, mas que tal não foi acompanhado pelo crescimento do sector transformador. Vários outros estudos chegaram a conclusões semelhantes, mas sublinham a importante limitação de que a medida em que o crescimento agrícola reduz a pobreza depende geralmente da distribuição inicial dos activos, em especial da terra, e do grau inicial de desigualdade. Por conseguinte, acredita-se que o ciclo de pobreza pode ser quebrado nos países, em especial nas zonas rurais, se o investimento agrícola for incentivado por diferentes actores, como o governo, as ONG e a sociedade civil. Isto pode ser feito através da concessão de crédito, da assistência técnica, da construção de infra-estruturas agrícolas e da criação de instituições agrícolas sólidas para o acompanhamento e a avaliação.

Mecanismo de transferência do Inland Valley Rice Development Project para a luta contra a pobreza

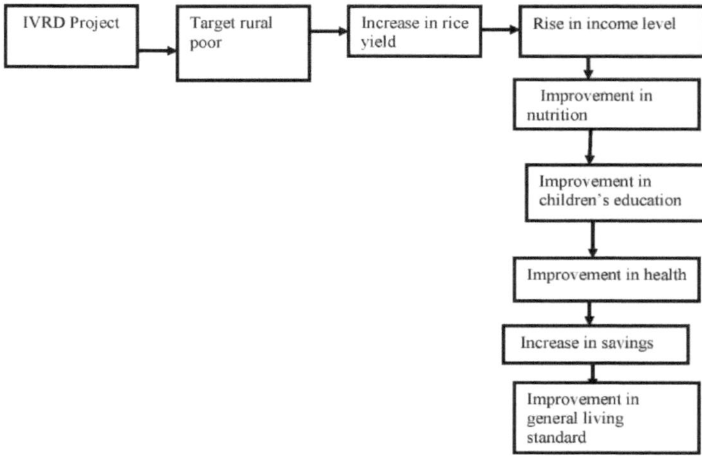

O diagrama acima ilustra o papel do Inland Valley Rice Development Project (IVRDP) na luta contra a pobreza. Por outras palavras, o diagrama mostra como o projeto visa melhorar o nível de vida dos produtores de arroz envolvidos.

De acordo com Harold (1999), a técnica mais utilizada para determinar a contribuição de diferentes variáveis para a redução da pobreza é, de longe, a análise de regressão. A pobreza e a evolução da pobreza são influenciadas tanto por variáveis microeconómicas como macroeconómicas. No contexto microeconómico, o método mais simples para analisar os correlatos da pobreza consiste em utilizar a análise de regressão para determinar o impacto de uma determinada caraterística do agregado familiar ou do indivíduo na pobreza, mantendo todas as outras características constantes.

Os logits têm sido utilizados em muitas avaliações da pobreza. A regressão logística binária é um tipo de análise de regressão em que a variável dependente é uma variável fictícia (codificada como 0, 1). No caso de um logit, a variável endógena é uma variável fictícia, em que 1 representa uma pessoa cujos indicadores sociais, como a alimentação, a saúde e a educação das crianças em idade escolar, melhoraram, e 0 representa uma pessoa que não registou qualquer melhoria. O modelo de regressão logística é simplesmente uma transformação não linear da regressão linear. A distribuição "logística" é uma função de distribuição em forma de S que se assemelha à distribuição normal padrão (que leva a um modelo de regressão logit), mas é mais fácil de manusear na maioria das aplicações (as probabilidades são mais fáceis de calcular). Com a distribuição logit, as probabilidades estimadas estão necessariamente entre 0 e 1.

Variáveis

Uma variável é algo que pode assumir valores diferentes ou variáveis. Os valores podem variar em momentos diferentes para o mesmo objeto ou pessoa, ou ao mesmo tempo para objectos ou pessoas diferentes.

Variável dependente

A variável dependente é a variável de interesse primário para o investigador. O objetivo do investigador é compreender e descrever a variável dependente, explicar a sua variabilidade ou prevê-la. Neste estudo, a variável dependente é a melhoria dos indicadores do agregado familiar, como a nutrição, a saúde e a educação das crianças em idade escolar.

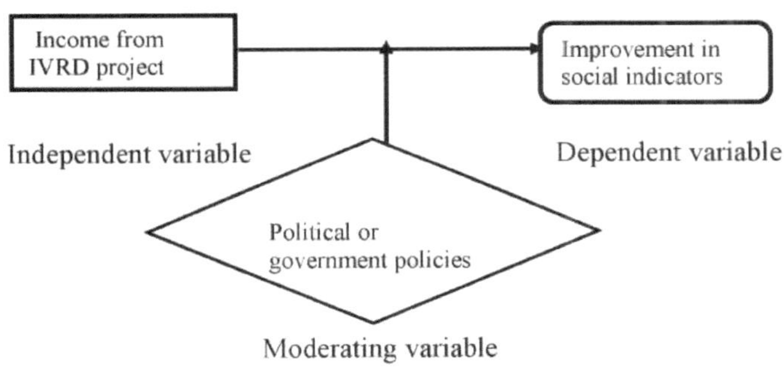

Variável independente

Uma variável independente é aquela que influencia positiva ou negativamente a variável dependente. Por outras palavras, se a variável independente estiver presente, a variável dependente também estará e, por cada aumento unitário na variável independente, há também um aumento ou uma diminuição na variável dependente. Por outras palavras, a variância da variável dependente é explicada pela variável independente. Neste caso, consideramos o rendimento do Inland Valley Rice Development Project como a variável independente e a melhoria da nutrição, saúde e educação das crianças em idade escolar como a variável dependente.

Variável moderadora

A variável moderadora é uma variável que tem um efeito condicional na relação entre as variáveis independente e dependente. Por outras palavras, a presença de uma variável (variável moderadora) modifica a relação inicial entre as variáveis independente e dependente. Escolhi o ambiente como variável moderadora. O ambiente deve ser entendido no sentido de que inclui o ambiente político, ou seja, quais são as estratégias do governo para reduzir a pobreza e melhorar o nível de vida da população? Qual é a política do governo em matéria de saúde e educação? Os insumos do projeto são fornecidos atempadamente?

3.4 Recolha de dados

Foi utilizada uma série de questionários para o inquérito. As perguntas foram feitas por produtores de arroz nas áreas seleccionadas do projeto, conhecidas pela implementação do projeto de desenvolvimento do arroz no vale interior do distrito. Os questionários continham perguntas abertas e codificadas. Os questionários foram pré-testados em Dwinyama, o principal produtor de arroz do distrito, antes de serem distribuídos aos outros locais do projeto. Havia cinco enumeradores responsáveis pelos diferentes locais do projeto e um supervisor responsável por conduzir o inquérito com cada agricultor em cada um dos locais do projeto. Como a maioria dos agricultores nunca tinha recebido qualquer formação formal, as perguntas do questionário foram traduzidas para a língua local, Twi, para que eles pudessem responder.

3.4.1 Tipos e fontes de dados

Neste estudo foram utilizados dados primários e secundários. Os dados primários foram recolhidos junto dos agricultores participantes no Projeto de Desenvolvimento do Arroz do Vale Interior no distrito de Ahafo-Ano Sul. Os dados secundários do inquérito de base, as notas dos agricultores e os documentos de avaliação do projeto foram também recolhidos pelo gabinete regional de Ashanti do Projeto de Desenvolvimento do Arroz do Vale Interior.

3.4.2 Técnica de amostragem e dimensão da amostra

Como parte do estudo, foram seleccionadas seis comunas no distrito por amostragem orientada. Foi também utilizada uma amostra intencional para selecionar as comunas produtoras de arroz. O objetivo desta abordagem era, em primeiro lugar, identificar os produtores de arroz e, em segundo lugar, poder medir o impacto da produção de arroz na redução da pobreza e nos principais indicadores de redução da pobreza (nutrição, saúde e educação). O método de amostragem direccionada foi a melhor opção para selecionar a amostra, uma vez que a população e os locais eram conhecidos. Por outras palavras, o inquérito visou os produtores de arroz que participam no projeto de desenvolvimento do arroz nos vales interiores em locais seleccionados para o projeto. O método de amostragem aleatória simples foi então utilizado para inquirir trinta (30) produtores de arroz em Dwinyama, vinte e cinco (25) em Potrikrom, vinte (20) em Biemso 1, vinte (20) em Biemso 2 e vinte e cinco (25) em Dunyan Nkwanta e Odikro Nkwanta. Uma amostra aleatória é uma amostra selecionada de entre os produtores de arroz, de modo a que todos os produtores de arroz da população tenham a mesma probabilidade de serem incluídos na amostra. Para cada local do projeto, foi elaborada uma lista de produtores de arroz e foram geradas tabelas de números aleatórios. Os nomes correspondentes aos números pares foram seleccionados para o inquérito. A dimensão da amostra em cada local do projeto baseou-se no número total de produtores de arroz envolvidos no projeto. No total, 120 produtores de arroz do distrito foram incluídos na amostra.

3.4.3 Instrumentos de inquérito

Foi utilizada uma série de questionários para o inquérito. As perguntas foram feitas por produtores de arroz nas áreas seleccionadas do projeto, conhecidas pela implementação do projeto de desenvolvimento do arroz no vale interior do distrito. Os questionários continham perguntas abertas e codificadas. Os questionários foram pré-testados em Dwinyama, o principal produtor de arroz do distrito, antes de serem distribuídos aos outros locais do projeto. O pré-teste permitiu que o questionário fosse limpo de perguntas que não eram relevantes para o inquérito. Também proporcionou uma boa visão geral da realidade no terreno antes da realização do inquérito

3.5 Métodos de análise de dados

O primeiro objetivo é descrever as características socioeconómicas, incluindo os indicadores de pobreza, dos produtores de arroz do distrito de Ahafo-Ano South. A análise foi efectuada através de estatísticas descritivas sob a forma de frequências, percentagens relativas e diagramas, utilizando o SPSS versão 17 e o Excel. Os indicadores de pobreza dos agregados familiares, nomeadamente a alimentação, a saúde e a educação das crianças em idade escolar dos produtores de arroz do distrito, são descritos.

Foram utilizadas estatísticas descritivas para analisar os indicadores nutricionais, incluindo o número de refeições diárias, a capacidade de fornecer fruta diariamente ao agregado familiar, a capacidade de fornecer carne, peixe, leite e/ou ovos diariamente, e as percepções dos inquiridos sobre a melhoria da qualidade e quantidade dos alimentos. Estes indicadores foram apresentados sob a forma de frequências, percentagens e gráficos. Os seguintes indicadores de saúde foram analisados de forma descritiva: doenças frequentes no agregado familiar, capacidade de pagar os cuidados de saúde, razões para a capacidade de pagar os cuidados de saúde, tipo de unidade de saúde a que o agregado familiar recorre em caso de doença e perceção dos inquiridos sobre a melhoria dos cuidados de saúde. Os seguintes indicadores relativos à educação das crianças em idade escolar foram analisados descritivamente: capacidade de pagar as propinas escolares das crianças em idade escolar, método de pagamento, capacidade de comprar livros para as crianças, capacidade de comprar uniformes escolares para as crianças, capacidade de comprar sapatos/sapatos escolares para as crianças e capacidade de dar dinheiro às crianças para comprarem comida enquanto estão na escola. Foram utilizados os programas SPSS e Excel para a análise. As diferenças nas frequências, médias e percentagens entre "antes" e "agora" foram comparadas para determinar se tinha havido uma melhoria. Neste estudo, "antes" refere-se ao ano imediatamente anterior à participação do agricultor no Projeto de Desenvolvimento do Arroz no Vale Interior e a maior parte dos dados provém do inquérito de base, ao passo que "agora" representa a média dos anos 2006, 2007 e 2008. A média dos anos 2006, 2007 e 2008 foi escolhida como o ano "agora" devido a variações no rendimento, à dinâmica das características socioeconómicas e à indisponibilidade de dados sobre a quantidade de arroz colhido em 2009. A quantidade de arroz colhido foi utilizada para estimar o rendimento dos agricultores. Na altura da recolha de dados, no início de dezembro de 2009, alguns agricultores ainda estavam a colher arroz. Isto confirma o relatório GLSS 5 de que grande parte da colheita de arroz e painço/sorgo tem lugar nos últimos quatro meses do ano, de setembro a dezembro. Em segundo lugar, as vendas domésticas de arroz e mexoeira/sorgo estão distribuídas uniformemente ao longo dos meses do ano, sendo fevereiro o mês de vendas mais elevado e março a julho os meses de vendas mais baixas.

O segundo objetivo é determinar o impacto do IVRDP no rendimento do arroz, na área cultivada e no ciclo de colheita. Para a análise, foram utilizadas estatísticas descritivas, tais como frequências, percentagens e médias.

O terceiro objetivo é avaliar o impacto do projeto de desenvolvimento do arroz da Inlandstal em indicadores de pobreza seleccionados dos produtores de arroz no distrito de Ahafo-Ano South. Foi utilizada a regressão logística para avaliar o impacto do rendimento do projeto de desenvolvimento do arroz Inlandstal e de características socioeconómicas seleccionadas sobre indicadores de pobreza seleccionados do agregado familiar, como a alimentação, a saúde e a educação das crianças em idade escolar. Os principais pacotes de software utilizados para a análise deste objetivo foram o Eviews versão 15, o Excel e o SPSS versão 17.

3.5.1 Modelo teórico para estimar o impacto do projeto nos indicadores de pobreza dos agregados familiares

A regressão logística é uma abordagem de modelação matemática que pode ser utilizada para descrever a relação entre vários *X* e uma variável dependente dicotómica, como *D. O modelo foi concebido para descrever uma probabilidade que é sempre um número entre 0 e 1.* O modelo foi concebido para descrever uma probabilidade que é sempre um número entre 0 e 1. A base teórica da regressão logística é a seguinte

$$P_i = X'P_i + \qquad \&E1$$

onde

$_iP$ = Probabilidade de melhoria do estado nutricional, do estado de saúde e da escolaridade das crianças em idade escolar do agregado familiar.

X' = algumas características socioeconómicas do agregado familiar e rendimento da cultura do arroz

P_i = coeficientes das variáveis explicativas a estimar

s = termo de erro que capta variáveis que têm influência na melhoria do estado nutricional do agregado familiar, do estado de saúde e da educação das crianças em idade escolar, mas que não são captadas no modelo. Para obter o modelo logístico a partir da função logística, *z é* escrito como a soma linear в1 mais в2 vezes *X2* mais e assim por diante até з *k* vezes *Xk*, onde os *Xs* são variáveis independentes de interesse e в e *вi* são termos constantes que representam parâmetros desconhecidos. Suponha que se trata de um modelo de regressão linear padrão;

$$Z=P1 +P2X2 +\dots P_K X_{K+^K}$$

Inserimos agora a expressão da soma linear para *z* no lado direito da fórmula para *f(z) para obter* a expressão *f(z)* igual a 1 sobre 1 mais e *para* reduzir a quantidade mais в1 a soma de *вiXi* para *i* de 1 a

k :

$$P = f<Z' \text{T7F} \qquad \text{E3}$$

A regra é a seguinte: P $_i$= probabilidade de ocorrência de um acontecimento.

Quando z_i tende para infinito, e^{-z} tende para 0 e P tem uma potência limitada a 1.

z_i tende para menos infinito, e^{-z} tende para infinito e P tem um limite inferior de 0. Por conseguinte, não há forma de obter uma previsão da probabilidade que seja superior a 1 ou inferior a 0. A análise de máxima verosimilhança é utilizada para obter estimativas de parâmetros que indicam a magnitude de uma variação percentual das variáveis explicativas sobre as variáveis indicadoras de pobreza (variáveis dependentes).

A probabilidade de um evento ocorrer ou não ocorrer é, portanto, representada pelo logaritmo natural das chances :

$$\ln\left(\frac{P_i}{1-P_i}\right) = Z \qquad \text{E4}$$

$$\ln\left(\frac{P_i}{(1-P_i)}\right) = \text{Natural log of odds} \qquad \text{E5}$$

pi = probabilidade de melhoria do estado nutricional, do estado de saúde e da escolaridade das crianças em idade escolar do agregado familiar.

(1-Pi) = Probabilidade de o estado nutricional, o estado de saúde e os resultados escolares das crianças em idade escolar do agregado familiar não melhorarem.

$_i$O efeito marginal de z_i na probabilidade P, denotado $f(Z)$, é dado pela derivada desta função em relação aZ .

$$f(Z)=\frac{\partial P}{\partial Z}=\frac{e^{-z}}{\left(1+e^{-z}\right)^{2}}\qquad \text{E6}$$

O efeito marginal de x_i is $\frac{\partial P}{\partial X_i}$ e é melhor calculado da seguinte forma

$$\frac{\partial P}{\partial X_i}=\frac{\partial P}{\partial Z}\frac{\partial Z}{\partial X_i}\qquad \text{E7}$$

But $\frac{\partial P}{\partial Z}=f(Z)$ and $\frac{\partial Z}{\partial X_i}=\beta_i$ E8

De (E2) e (E6)

$$\frac{\partial P}{\partial X_i}=f(Z)\beta_i\qquad \text{E9}$$

Log$\left(\frac{IMPNUT}{1-IMPNUT}\right)$= N= β_0 + β_1GEND +β_2AGE+ β_3HHS + β_4 EDU + β_5 INCRIC + β_6

INCOS + ε_t

3.5.2 O modelo empírico utilizado para estimar o impacto do projeto na pobreza

Indicadores

As equações que se seguem representam o modelo econométrico utilizado para avaliar o impacto do rendimento gerado pelo Projeto de Desenvolvimento de Viagens no Vale Interior e as características socioeconómicas seleccionadas sobre o estado nutricional, o estado de saúde e a educação das crianças em idade escolar no agregado familiar. As variáveis independentes utilizadas referem-se às utilizadas em estudos existentes.

i) O impacto do rendimento do Projeto de Desenvolvimento do Arroz do Vale Interior e de certas características socioeconómicas na melhoria da nutrição das famílias foi estimado da seguinte forma:

Neste contexto, IMPNUT é sinónimo de melhoria do estado nutricional do agregado familiar.

GEND é uma dummy = 1 se o inquirido for um homem, caso contrário 0

AGE mede a idade dos inquiridos

HHS é a dimensão do agregado familiar, medida pelo número de membros da família no agregado familiar.

EDU representa o nível de educação do inquirido em anos

O INCOS mede o montante gerado por outras fontes de rendimento, incluindo o rendimento de outras culturas, o rendimento do gado, as remessas e outros rendimentos não agrícolas.

INCRIC é sinónimo de rendimento da produção de arroz

As expectativas a priori são as seguintes:

$\beta 1, \beta 2, \beta 3, \beta 4, \beta 5, \beta 6, \beta 7 > 0$;

$\beta 3 < 0$

ii) O impacto do rendimento do Inland Valley Rice Development Project e de certas características socioeconómicas na melhoria do estado de saúde do agregado familiar foi estimado da seguinte forma:

Neste contexto, IMPHTH é sinónimo de uma melhoria da saúde do agregado familiar.

HH é uma dummy=1 se o inquirido for o chefe de família, caso contrário 0

Outros são definidos como acima.

As expectativas a priori são as seguintes:

$\beta 3, \beta 4, \beta 5, \beta 6 > 0$;

$\beta 1, \beta 2 < 0$

$$\text{Log}\left(\frac{IMPHTH}{1-IMPHTH}\right) = N = \beta_0 + \beta_1 AGE + \beta_2 HHS + \beta_3 EDU + \beta_4 HH + \beta_5\ INCOS + \beta_6\ INCRIC +$$

$$\varepsilon_t$$

iii) O impacto do Inland Valley Rice Development Project na educação das crianças em idade escolar foi estimado da seguinte forma:

A IMECH é também sinónimo de melhoria da educação das crianças em idade escolar.

CHSCH é o número total de crianças em idade escolar

Outros são definidos como acima

As expectativas a priori são as seguintes:

Bi, B3, B4, B5>0 ;

B2 <0

3.5.3 Especificação do modelo

$$\text{Log}\left(\frac{IMECH}{1-IMECH}\right) = \text{N} = \beta_0 + \beta_1\text{AGE} + \beta_2\text{CHSCH} + \beta_3\text{EDU} + \beta_4\text{ INCOS} + \beta_5\text{ INCRIC} + \varepsilon_t$$

Foram utilizadas três equações de regressão logit separadas para para estimar o impacto do rendimento do Projeto de Desenvolvimento do Arroz do Vale Interior e das características socioeconómicas seleccionadas do agregado familiar nas melhorias do estado nutricional, do estado de saúde e da educação das crianças em idade escolar no agregado familiar, respetivamente. crianças em idade escolar , respetivamente. L' estado nutricional, o estado de saúde e a educação das crianças em idade escolar foram usados como variáveis dependentes porque, de acordo com Zeller *et al* (2006), a pobreza relativa dos agregados familiares nos países pobres é melhor captada pelo acesso à educação, saúde, alimentação e habitação. Estas variáveis dependentes foram medidas utilizando indicadores de substituição. Os indicadores de substituição são alternativas aos indicadores que reflectem mais diretamente o fenómeno ou a caraterística a medir (Harold, 1999). Harold (1999) também salientou que, para certas variáveis, só podem ser tidas em conta as dimensões que são quantificáveis ou para as quais existe um indicador de substituição. As variáveis dependentes foram estimadas utilizando uma medida da despesa como substituto do rendimento, uma vez que não estavam disponíveis dados sobre o rendimento ou os dados sobre o rendimento eram mais susceptíveis de estar sujeitos a erros de medição. Os indicadores de substituição utilizados neste estudo referem-se a despesas que comprovadamente aumentam com o aumento do rendimento do agregado familiar. Também podem ser facilmente obtidos pelos inquiridos. Deaton (1997) e Grosh e Glewwe (2000) indicam que a incidência e a gravidade da pobreza podem ser estimadas com maior exatidão através de inquéritos às despesas de consumo.

Foram recolhidos dados sobre o estado nutricional, o estado de saúde e o nível de escolaridade das crianças em idade escolar, medidos numa escala de três pontos com as categorias "melhoria", "ligeira melhoria" e "sem melhoria".

Variáveis de medição

Melhoria do estado nutricional do agregado familiar (IMPNUT): este indicador foi medido utilizando os seguintes indicadores de substituição: a capacidade de fornecer pelo menos três refeições por dia, a capacidade de incluir carne, peixe, ovos e/ou feijão na dieta do agregado familiar e a capacidade de fornecer fruta diariamente. Um agregado familiar que respondeu "sim" a todos os indicadores acima referidos foi classificado como uma "melhoria": "Melhoria", uma resposta "sim" a pelo menos dois dos indicadores acima referidos foi classificada como "Pouca melhoria" e um agregado familiar que respondeu "não" a todos os indicadores acima referidos foi classificado como uma "melhoria": "Pouca melhoria": Melhoria baixa" e um agregado familiar que respondeu "sim" a um ou nenhum dos indicadores acima referidos foi classificado como "sem melhoria": "sem melhoria". Para ilustrar um modelo de seleção binário, isto é transformado numa variável binária em que y=1 se um agricultor relata uma melhoria e uma melhoria média, e y=0 se um agricultor não relata qualquer melhoria.

De acordo com Haddad *et al* (1994), indicadores como o número de refeições, o número de alimentos consumidos, a frequência do consumo de alimentos e a ordem das refeições na família fornecem informações sobre o estado de segurança alimentar. Johnson e Toole (1997) indicam que a despesa alimentar é uma medida da disponibilidade de calorias e nutrientes. Para os inquéritos sobre as despesas alimentares, deve ser compilada uma lista completa dos alimentos consumidos para que os inquiridos possam indicar se o alimento é consumido diariamente ou se foi consumido na semana anterior (Little, 1997).

Melhoria do estado de saúde do agregado familiar (IMPHTH). Esta melhoria foi medida utilizando os seguintes indicadores de substituição: a capacidade de pagar cuidados médicos, a capacidade de procurar cuidados médicos em caso de doença grave e a capacidade de procurar cuidados médicos num hospital ou clínica. A capacidade de os inquiridos responderem "sim" a todos os indicadores foi classificada como "melhoria", a resposta "sim" a pelo menos dois dos indicadores de substituição foi classificada como "ligeira melhoria" e a resposta "sim" a um ou nenhum dos indicadores foi classificada como "nenhuma melhoria". Para ilustrar um modelo de seleção binário, isto é transformado numa variável binária em que y=1 se um agricultor relata uma melhoria e uma melhoria média, e y=0 se um agricultor não relata qualquer melhoria. Maxwell *et al* (2000) descobriram nos seus estudos em Accra que, à medida que o rendimento do agregado familiar aumenta, o mesmo acontece com as despesas de saúde. As pessoas estão dispostas a ir a hospitais/centros de saúde quando o seu rendimento aumenta, porque podem pagar os cuidados de saúde.

Melhorar a educação das crianças em idade escolar (IMECH). Esta melhoria foi medida utilizando os seguintes indicadores de substituição: Capacidade para pagar as propinas escolares na totalidade e a tempo, capacidade para comprar uniformes e sandálias escolares, capacidade para comprar livros e capacidade para dar dinheiro às crianças em idade escolar para comprarem comida quando estão na escola. Os inquiridos que responderam "sim" a todas as perguntas foram classificados como "melhorados", os que responderam "sim" a pelo menos três ou dois dos indicadores foram classificados como "ligeiramente melhorados" e os que responderam "sim" a um ou nenhum dos indicadores foram classificados como "sem melhorias". Para ilustrar um modelo de seleção binário, esta situação é transformada numa variável binária em que y=1 se um agricultor comunicar uma melhoria e uma melhoria média, e y=0 se um agricultor não comunicar qualquer melhoria. Little (1997) mostra que um aumento das despesas das famílias com a educação é um indicador positivo do crescimento do rendimento, que deve ser incluído em qualquer abordagem da investigação sobre o rendimento. As despesas com a educação não são particularmente difíceis de recolher e a memória dos inquiridos sobre estes indicadores de substituição é geralmente boa.

género (GEND). Trata-se de uma variável fictícia que assume o valor 1 se o inquirido for do sexo masculino e o valor 0 caso contrário. Nos seus estudos realizados no Níger, o IASC (2005) salientou que na sociedade patriarcal do Níger, as mulheres muitas vezes não têm acesso ou controlo sobre o abastecimento alimentar, o que tem um impacto negativo na sua dieta. As práticas socioculturais, os tabus, as crenças culturais ou as práticas de cuidados podem influenciar de forma diferente o estado nutricional das mulheres, raparigas, rapazes e homens. O género também contribui para o estado nutricional, sendo a má nutrição significativamente mais prevalente entre as raparigas e as mulheres (CEPAL, 2006). Estudos empíricos da CEPAL (2006) mostram que, nas Caraíbas e na América Latina, há sinais de que as mulheres influenciam a ingestão de alimentos em agregados familiares onde os membros masculinos da família recebem a maior parte dos alimentos e, frequentemente, os alimentos mais nutritivos. Em algumas partes do Gana, as mulheres grávidas são proibidas de comer ovos e outros alimentos devido a superstições.

Idade (AGE). Mede a idade das pessoas inquiridas. Parte-se do princípio de que as necessidades nutricionais variam consoante a categoria de idade. Case e Deaton (2003) demonstram empiricamente que a saúde média diminui com a idade. A idade está negativamente relacionada com a saúde. O ritmo a que o capital de saúde diminui com a idade é, em parte, um processo biológico sobre o qual os indivíduos têm pouca influência, mas é também influenciado pela medida em que o capital de saúde é utilizado para consumo e trabalho (Muurinen e Le Grand, 1985). Parte-se igualmente do princípio de que os pais maduros são capazes de gerar rendimentos suficientes para assegurar a educação dos filhos.

O tamanho do agregado familiar (HHS) é medido pelo número de membros da família no agregado familiar. Dado que as necessidades alimentares aumentam com o número de pessoas num agregado familiar, o sinal esperado é negativo. Haddad *et al* (1994) demonstraram que o número de crianças e, por conseguinte, a dimensão do agregado familiar, estavam negativamente relacionados com a melhoria da nutrição. Alderman e Garcia (1994) encontraram uma forte correlação negativa entre a dimensão do agregado familiar e o seu estado nutricional e de saúde. Alderman e Garcia (1994) observaram um forte efeito negativo da dimensão do agregado familiar no seu estado nutricional e de saúde.

Chefe de família (HOH). Trata-se de uma variável fictícia à qual é atribuído o valor 1 se o inquirido for o chefe de família e 0 caso contrário. De acordo com Spring (1995), as famílias chefiadas por mulheres tendem a ganhar menos do que as famílias chefiadas por homens. Espera-se que esta variável tenha um efeito positivo no estado de saúde das famílias chefiadas por homens.

Nível de educação (EDU): o nível de educação dos inquiridos é medido em anos. A CEPAL (2006) concluiu que o nível de educação influencia as decisões das pessoas sobre a alimentação e a saúde da sua família. Grossman (1972) demonstrou que a educação torna as pessoas mais eficazes quando se trata de utilizar cuidados médicos e outros métodos de prevenção da saúde. Case e Deaton (2003) descobriram que as pessoas instruídas baseiam os seus rendimentos no seu capital humano, que se desgasta lentamente, se é que se desgasta de todo. As pessoas sem educação vendem o seu corpo, que se desgasta mais rapidamente. Nos seus estudos sobre cinco países africanos francófonos, Martorell e Habitch (1986) mostraram que as interacções positivas e negativas entre educação e saúde tendem a combinar-se. Assim, os filhos de pais instruídos tendem a ter melhor saúde, o que se traduz em melhores resultados escolares.

Rendimento da produção de arroz (INCRIC). Babu e Chapasuka (1997) demonstraram que a melhoria do rendimento conduz a uma melhor nutrição no Malavi. Segundo Handa e King (1997), a melhoria do rendimento do agregado familiar conduz a uma melhoria da saúde do agregado familiar. Case e Deaton (2003) concluíram que o rendimento e a educação têm ambos efeitos protectores independentes sobre a saúde. Scherr (1995) encontrou uma forte relação positiva entre a melhoria do rendimento do agregado familiar e a melhoria da educação das crianças em idade escolar no agregado familiar.

O rendimento proveniente de outras fontes de rendimento (INCOS) mede o montante gerado por outras fontes, incluindo o rendimento de outras culturas, gado, remessas e outros rendimentos não agrícolas. O montante dos rendimentos gerados, para além dos provenientes do projeto do arroz, pode aumentar o poder de compra do agricultor, o que pode ter um efeito positivo no seu estado nutricional, no seu estado de saúde e na matrícula escolar das crianças em idade escolar. A diversificação é um meio de reduzir os riscos, e o envolvimento dos agricultores noutras actividades agrícolas e não agrícolas permitir-lhes-ia obter um rendimento que funcionaria como "amortecedor' em caso de quebra de safra na cultura do arroz. Esta variável tem um impacto positivo na nutrição, na saúde e na educação das crianças em idade escolar do agregado familiar.

Número total de crianças em idade escolar (CHSCH). Quanto mais elevado for o número de crianças em idade escolar no agregado familiar, mais elevado será o custo da educação. Por conseguinte, esta variável tem uma relação negativa com a melhoria da educação.

3.5.4 Explicação dos pressupostos

i) Estado nutricional do agregado familiar

a) $H_0: B_1 = 0$; ou seja, o género do chefe de família não tem influência na dieta do agregado familiar.

$H_1: B_1 > 0$; isto significa que o género do chefe de família tem uma influência positiva na dieta do agregado familiar.

A hipótese acima aplica-se às seguintes variáveis: A idade dos inquiridos, o nível de educação dos inquiridos, o rendimento do projeto do arroz e o montante do rendimento de outras fontes.

b) $H_0: B_3 = 0$; ou seja, a dimensão do agregado familiar não tem influência na dieta do agregado familiar.

$H_1: B_3 < 0$; ou seja, a dimensão do agregado familiar tem uma influência negativa no seu consumo alimentar.

ii) Saúde do agregado familiar

a) $H_0: B_3 = 0$; ou seja, o nível de educação dos inquiridos não tem influência na saúde do agregado familiar.

$H_1: B_3 < 0$; por outras palavras, o nível de educação dos inquiridos tem um impacto positivo na saúde do agregado familiar.

A hipótese acima aplica-se às seguintes variáveis: Chefe de família, rendimento do projeto do arroz e montante do rendimento proveniente de outras fontes, incluindo o rendimento de outras culturas, gado, remessas e rendimento não agrícola.

c) $H_0: B_1 = 0$; por outras palavras, a idade dos inquiridos e a dimensão do agregado familiar não têm influência na saúde do agregado familiar.

$H_1: B_1 > 0$; ou seja, a idade do inquirido e a dimensão do agregado familiar têm uma influência negativa na saúde do agregado familiar. Esta hipótese também se aplica à dimensão do agregado familiar.

iii) Educação das crianças em idade escolar

a) $H_0: B_1 = 0$; ou seja, a idade do inquirido não tem influência na educação dos filhos.

$H_1: B_1 > 0$; isto significa que a idade do inquirido tem uma influência positiva na educação dos seus filhos.

O mesmo pressuposto aplica-se às seguintes variáveis: Nível de educação do inquirido, rendimento do projeto do arroz e montante de outras fontes de rendimento, incluindo rendimento de outras culturas, gado, remessas e rendimento não agrícola.

b) H_0: $B_2 = 0$; ou seja, o número de crianças em idade escolar não tem influência na educação das crianças.

H_1: $B_2 < 0$; ou seja, o número de crianças em idade escolar tem uma influência negativa na educação das crianças.

3.5.5 Validação das hipóteses

A estatística z é utilizada para medir o nível de significância de cada um dos coeficientes estimados. A estatística de qualidade do ajuste é o R quadrado de Mc-Fadden. O teste do rácio de verosimilhança (LR) é calculado para determinar a significância conjunta das variáveis independentes do modelo. ^{2}A estatística do teste LR segue uma distribuição padrão do qui-quadrado (X) com o grau de

Liberdade igual ao número de variáveis independentes utilizadas no modelo. Quanto maior for a percentagem de previsão, maior será o poder de previsão do modelo. Os resultados discutidos baseiam-se no rácio log-odd. O rácio log-odd é dado por :

$$8 \left(\log Pi/1 - Pi\right)/8Ki = 8N / 3Xi = fl \qquad \text{iE10}$$

Os efeitos marginais das variáveis independentes também são estimados e são os seguintes

$$_18Pi / 8X = fl\, [_{Pi} (1 - P)] \qquad \text{E11}$$

$_i$em que P representa as probabilidades.

$_i$Para determinar a probabilidade P de cada indivíduo, suponha que

$$\log\left(_{Pi} / 1 - _{Pi}\right) = _{flo} + fl1\, X1 + _{fl2X2} + K + fl \qquad \text{XE12}$$

$_{i/1}$Se X variar de uma unidade, o logaritmo da razão ímpar $\left(P / 1 - P\right)$ também varia de fl.

=

$_{0122}$N representa $fl + fl\, X + fl\, X + K + _{flkXk}$

Portanto, $\log(p_i/1 - p_i)$ = N. Tomamos os logaritmos dos dois lados e reorganizamos os termos,

$$p_i \quad {}^{N}\text{fl-}/1 - e \,) \qquad \text{E13}$$

Em que e é o melhor logaritmo natural.

A fórmula para o efeito médio de uma variável binária é a seguinte:

$$P(y = 1 \backslash xk = 1) - P(y = 1 \backslash xk = 0) = F(xeixk = 1) - F(xeixk = 0). \qquad \text{E14}$$

QUARTO CAPÍTULO

RESULTADOS E DISCUSSÃO

4.1 Introdução

Este capítulo apresenta e discute os resultados do estudo. Este capítulo centra-se nas características socioeconómicas dos produtores de arroz, bem como na análise dos indicadores de pobreza dos agregados familiares dos agricultores, na estimativa do impacto do projeto de desenvolvimento do arroz no Vale Interior nos indicadores de pobreza dos agregados familiares, como a alimentação, a saúde e a educação das crianças em idade escolar e a produção de arroz.

4.2 Características socioeconómicas dos produtores de arroz

As variáveis socioeconómicas examinadas nesta secção incluem, entre outras, a idade dos inquiridos, os anos de cultivo de arroz, a dimensão do agregado familiar, as crianças na escola, o rendimento do projeto do arroz, outras fontes de rendimento, o sexo dos inquiridos, o nível de educação dos inquiridos e o estado civil dos inquiridos. Como mostra a Tabela 4.1, dos 120 produtores de arroz entrevistados, 84% eram homens e 16% eram mulheres. Isto significa que há mais homens do que mulheres a trabalhar na cultura do arroz na zona de estudo. As mulheres estão geralmente envolvidas no cultivo de legumes, plátanos, mandioca e coqueiros. Os dados do inquérito indicam que uma grande proporção de agricultores é casada, representando 90% de todos os agricultores entrevistados. Isto mostra que os casais casados têm mais probabilidades de cultivar arroz do que outros agricultores com um estado civil diferente. Estes agricultores têm uma média de 9 anos de experiência no cultivo do arroz. Isto significa que os agricultores têm uma experiência considerável no cultivo do arroz e que o cultivo do arroz não é novo para os agricultores da zona de estudo.

A dimensão média do agregado familiar é de quase 6 pessoas, o que pode proporcionar mão de obra adicional. Em média, um (1) membro deste agregado familiar tem formação académica. Os estudos actuais têm

Verificou-se que as crianças das comunidades produtoras de arroz estavam a abandonar a sua educação pelo seu trabalho diário de caçar aves nos campos de arroz.

Quadro 4.1: Estatísticas descritivas das características socioeconómicas dos inquiridos

Variável	Categoria	
Idade (anos)	Máximo	53.00

	Mínimo	27.00
	MEIO	42.23
anos na cultura do arroz	Máximo	30.00
	Mínimo	5.00
	MEIO	9.45
Dimensão do agregado familiar	Máximo	10.00
	Mínimo	3.00
	MEIO	5.50
Crianças na escola	Máximo	5.00
	Mínimo	0.00
	MEIO	1.30
Rendimento do arroz (GHc)	Máximo	982.00
	Mínimo	100.00
	MEIO	660.50
Receitas de outras fontes (GHc)	Máximo	1090.00
	Mínimo	111.70
	MEIO	726.50
Variável	**Categoria**	**%**
Género	Masculino	84.00
	Mulher	16.00
Educação	Não	53.00
	Página principal	22.00
	Escola secundária	17.00
	Comercial ou profissional	8.00
Estado civil	Casado	90.00
	Viúva	4.00
	Nunca casou	4.00
	Divorciado	2.00
Outras fontes de rendimento	Sim	79.00
	Não	21.00
Fontes de rendimento	Agricultura	92.00
	Pecuária	2.00
	Transferências bancárias	6.00

Fonte: dados do inquérito, 2009.

Por conseguinte, pode presumir-se que o nível de educação nestas comunidades será mais baixo no futuro

.

O cenário reflecte o baixo nível de escolaridade dos agricultores inquiridos

O cenário reflecte o baixo nível de escolaridade dos agricultores inquiridos, uma vez que cerca de metade dos inquiridos nunca frequentaram a escola (53%), seguidos de 22% que têm apenas o ensino básico. O nível de educação mais elevado atingido pelos inquiridos foi a formação profissional. Este facto reflecte a constatação de que uma em cada cinco crianças frequenta a escola. A idade média dos inquiridos era de 42 anos. Este resultado indica que a cultura do arroz na área de estudo é praticada principalmente por pessoas mais velhas.

O Quadro 4.1 mostra também que os agricultores têm outras fontes de rendimento para além do cultivo do arroz, como indicado por 79% dos agricultores inquiridos. As outras fontes são a agricultura, a pecuária e as remessas. A maioria dos inquiridos (92%) disse que o seu rendimento provinha da agricultura, seguida da criação de gado, enquanto as remessas representavam a menor parte (2%). Este resultado está de acordo com a literatura, segundo a qual as fontes de rendimento do agregado familiar são as actividades agrícolas, o rendimento salarial do emprego, o rendimento do trabalho por conta própria e as remessas (IASB V). O Quadro 4.1 compara o rendimento médio dos agricultores proveniente da produção de arroz, por época de cultivo, com o rendimento proveniente de outras fontes (9,1%). O rendimento médio da produção de arroz é inferior ao de outras fontes de rendimento; por conseguinte, ambos os rendimentos podem ter o mesmo impacto positivo nos meios de subsistência dos produtores de arroz.

O relatório GLSS V (2008) indica que o rendimento médio anual dos agregados familiares no Gana é de cerca de GHc 1.217,00, enquanto o rendimento médio per capita é de quase GHc 4.000. Utilizando o Índice de Preços no Consumidor (IPC) de 2005 como ano de referência para deflacionar os custos e rendimentos da produção de arroz, o Quadro 4.2 mostra o rendimento líquido médio da produção de arroz de 2005 a 2008 na área de estudo. Os produtores de arroz registaram o rendimento médio mais elevado de GHc 884 em 2008 e o rendimento mais baixo de GHc 465 em 2005 (Quadro 4.2). Além disso, o rendimento líquido médio do projeto do arroz diminuiu em 2007 devido a perdas de colheitas causadas pela fraca precipitação na época de colheita de 2007.

Quadro 4.2: Rendimento do arroz por 0,6 ha

Ano	Mínimo(GHc)	Máximo(GHc)	Arroz médio Rendimento(GHc)	Padrão Diferença
2008	468.750	2377.083	884.0	464 4
2007	306.349	1481.480	573.0	102 9
2006	290.307	1465.450	620.0	264 5
2005	149.0	1021.0	465.0	109.3

Fonte : Feld Inquérito, 2009

Como salientado por Zeller *et al* (2006), a pobreza relativa dos agregados familiares nos países pobres é melhor captada pelo acesso à educação, à saúde, à alimentação e à habitação. É por isso que é importante comparar estas variáveis utilizadas pelos produtores de arroz antes e depois do Projeto de Desenvolvimento do Arroz no Vale Interior (IVRDP). Neste estudo, "antes" refere-se a um ano antes da criação do projeto de arroz e "agora" ao ano de 2008.

O estudo revelou que cerca de 54% dos agricultores inquiridos eram arrendatários antes de participarem no projeto do arroz, mas esta proporção caiu para 30% (Figura 4.1). Vinte e nove por cento (29%) viviam anteriormente na sua casa de família, mas esta proporção caiu drasticamente para apenas sete por cento (7%). Curiosamente, apenas um por cento (1%) podia construir casas isoladas inacabadas antes da introdução do projeto do arroz. No entanto, houve um aumento dramático de um por cento para dezassete por cento (17%) dos produtores de arroz participantes que tinham as suas próprias casas inacabadas. Trinta e seis por cento (36%) dos produtores de arroz que participaram no projeto podem agora orgulhar-se de ter a sua própria casa concluída, em comparação com oito por cento (8%) que se podiam orgulhar de ter a sua própria casa concluída antes de participarem no projeto do arroz. Cinquenta e três por cento (53%) dos produtores de arroz conseguiram adquirir a sua própria casa, o que indica uma melhoria do seu nível de vida em comparação com o período anterior à sua participação no projeto do arroz.

Figure 4.1: Shelter used by rice farmers 'Before' and 'After'

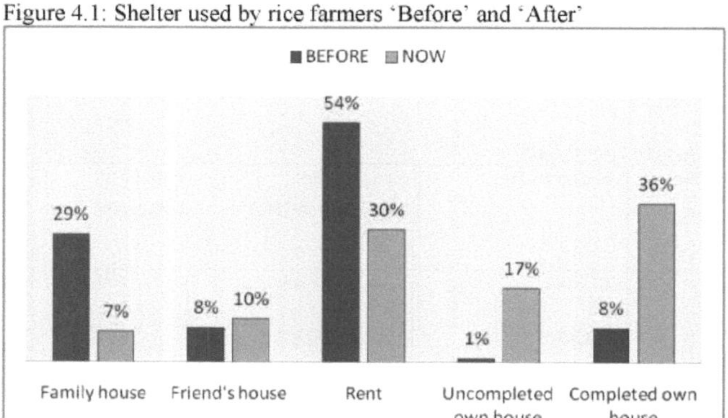

Source: Field survey, 2009

O estado nutricional do agregado familiar dos produtores de arroz abrange o número de refeições consumidas diariamente, a capacidade de consumir carne, peixe, ovos, leite, etc. numa base diária e a capacidade de fornecer fruta ao agregado familiar numa base diária. A discussão centrou-se na comparação dos indicadores nutricionais antes da participação no projeto do arroz e agora.

O quadro 4.3 mostra que uma percentagem mais elevada de agricultores inquiridos, 96%, pode agora preparar três refeições por dia para o seu agregado familiar, ao passo que tal só era possível para 54% dos produtores de arroz antes da sua participação no projeto do arroz. O número de produtores de arroz que podem preparar três refeições por dia aumentou, portanto. Antes da introdução do IVRDP, nenhum orizicultor era capaz de fornecer quatro refeições ao seu agregado familiar, mas cerca de 2% são agora capazes de fornecer quatro refeições por dia, porque o seu rendimento aumentou (Quadro 4.3). Dois inquiridos disseram que a sua situação se tinha deteriorado porque só podiam fornecer uma refeição por dia. O estudo revelou que estes dois agricultores são agricultores itinerantes que viram as suas terras confiscadas pelos seus proprietários, pelo que já não podem cultivar alimentos para alimentar as suas famílias. A única terra que lhes resta é para cultivar arroz.

Quadro 4.3: Número de refeições consumidas por dia pelos inquiridos.

Refeições	"Antes"		"Depois"	
	Pessoas entrevistadas	%	Pessoas entrevistadas	%
1	0	0	2	1.67
2	55	45.83	1	0.83
3	65	54.17	115	95.83
4	0	0	2	1.67
Total	120	100	120	100

Fonte: dados de campo, 2009

Os nutricionistas geralmente determinam a qualidade de uma refeição com base no seu valor nutricional, e um desses valores é o teor de proteínas. Por esta razão, a capacidade dos inquiridos (produtores de arroz) de oferecer diariamente alimentos ricos em proteínas, como carne, peixe, ovos, leite ou feijão, é importante para determinar se a qualidade dos alimentos consumidos pelo agregado familiar melhorou ou não após o projeto do arroz.

Quadro 4.4: Capacidade de oferecer alimentos proteicos nas suas refeições diárias

Variável	Descrição	Resposta	%	
			Bantes	Depois de

Alimentação eléctrica	Possibilidade de oferecer carne, peixe, ovos ou feijão diariamente	Sim	32.5	90
		Não	67.5	10
	Consumo de fruta	Sim	25	77
		Não	75	23

Fonte: estudo de campo, 2009

O Quadro 4 mostra que noventa por cento (90%) dos agricultores são capazes de fornecer diariamente carne, peixe, ovos, leite ou feijão aos seus agregados familiares.

Os agricultores fornecem diariamente carne, peixe, ovos, leite ou feijão aos seus agregados familiares,

em comparação com 32% antes da sua participação no projeto Rei. Registou-se um aumento de cinquenta e oito por cento (58%). Trata-se de um aumento muito significativo do número de produtores de arroz inquiridos, que podem agora fornecer alimentos de qualidade aos seus agregados familiares

. Por outro lado, o consumo de fruta aumentou significativamente, com cerca de setenta e sete por cento (77%) dos inquiridos a poderem oferecer fruta como parte das refeições diárias do seu agregado familiar, em comparação com vinte e cinco por cento (25%) que não o faziam.

podiam fazer diariamente para o seu agregado familiar antes de participarem no projeto do arroz (quadro 4.4).

Finalmente, foi pedido aos agricultores entrevistados que avaliassem o seu próprio estado nutricional após a sua participação nos projectos de arroz. No seu estudo, Coudel *et al* (2002) esclarecem que a perceção subjectiva pode ser utilizada para medir a pobreza e que um agricultor que pensa racionalmente é mais capaz de descrever o que o afecta em termos de alimentação. Os resultados indicam que um número considerável de agricultores registou uma melhoria global do estado nutricional do seu agregado familiar, com exceção de um agricultor que não registou qualquer melhoria desde que participou no projeto do arroz (Figura 4.2).

Figura 4.2: Autoavaliação dos produtores de arroz sobre o seu estado nutricional

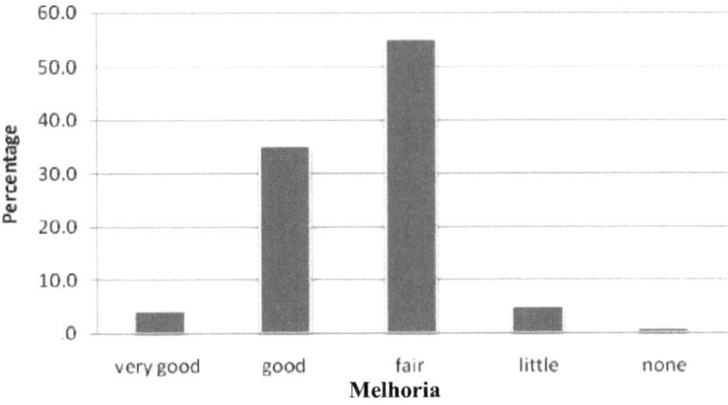

Fonte: estudo de campo, 2009

A alimentação representa cerca de metade das despesas totais dos agregados familiares do quintil superior e cerca de 60% das despesas dos agregados familiares do quintil inferior no Gana. Dentro das localidades, os agregados familiares nos centros urbanos gastam cerca de 44% em alimentos (reais e imputados), enquanto os agregados familiares nas zonas rurais gastam mais de 60% em alimentos (GLSS5). A conversão das despesas alimentares nominais utilizando o índice de preços no consumidor (IPC), com 2001 como ano de referência, mostra que nenhum dos produtores de arroz inquiridos gastava mais de 35 GHc por semana em alimentos antes do início do projeto do arroz (Quadro 4.5). Hoje, porém, cerca de 54% dos produtores de arroz inquiridos podem gastar mais de 35 GHC por semana em alimentos. Isto mostra que a maioria deles gasta mais em alimentos do que gastava antes da sua participação no Projeto de Desenvolvimento do Arroz no Vale Interior (IVRP). Os preços dos alimentos foram estimados como preços à saída da exploração, uma vez que a maior parte dos alimentos consumidos pelos agricultores provém da sua própria produção. Este aumento da percentagem das despesas alimentares pode provavelmente dever-se a factores como o aumento da dimensão do agregado familiar, o aumento dos rendimentos dos agricultores e/ou o aumento dos preços dos produtos de base.

Quadro 4.5: Despesas alimentares semanais dos agregados familiares dos inquiridos.

MONTANTE(GH0)	ANTES (%)	DEPOIS(%)
15-20	30	0
21-25	43	3
26-30	44	23
31-35	1	26

36-40	0	30
41-45	0	27
Mais de 50	0	8

Fonte: estudo de campo, 2009

Por conseguinte, é essencial identificar as doenças comuns que afectam os agricultores, a sua capacidade de receber cuidados médicos em caso de doença, a sua capacidade de pagar as facturas hospitalares, as razões para a sua capacidade de pagar as facturas hospitalares em caso de doença, o tipo de instalações médicas utilizadas em caso de doença e a percentagem do rendimento dos agricultores gasto em cuidados médicos.

A doença mais frequentemente observada antes e depois da participação dos agricultores no projeto do arroz foi a malária. A prevalência da malária era relativamente mais baixa antes de os agricultores participarem no projeto do arroz (51,7%) do que depois da sua participação no projeto (73,3%). Para as outras doenças detectadas, a prevalência diminuiu após a participação dos produtores de arroz no projeto do arroz (quadro 4.6). Isto mostra que os agricultores estão agora mais aptos a gerir as doenças identificadas do que antes da sua participação no projeto do arroz. Era de esperar que a incidência de doenças diminuísse, dado que os agricultores podem agora dar-se ao luxo de consumir fruta e alimentos proteicos e possuir uma casa acabada devido ao aumento dos rendimentos, mas os agricultores estão agora bastante pior em termos de incidência de malária. Este facto pode provavelmente ser explicado pelos resultados de Alderman e Garcia (1994), que referiram que a frequência de doenças na comunidade influenciava fortemente a saúde, independentemente do rendimento do agregado familiar.

Quando questionados sobre onde procurariam cuidados médicos em caso de doença, os dados do inquérito mostraram que, antes do projeto do arroz, os agricultores recorriam aos serviços de curandeiros tradicionais (ervanários) porque não tinham dinheiro para pagar serviços hospitalares ou clínicos, como evidenciado pelo facto de apenas 2% poderem pagar serviços hospitalares ou clínicos (Quadro 4.6). No entanto, depois de participarem no PIPI, cerca de 86% dos agricultores inquiridos podem pagar serviços hospitalares ou clínicos, o que indica que os agricultores estão a ter bons resultados depois de participarem no projeto do arroz (Quadro 4.6). Esta melhoria pode dever-se a intervenções sociais como o Sistema Nacional de Seguro de Saúde (SNAM), uma vez que os agricultores gastam agora menos em cuidados de saúde.

Quadro 4.6: Doenças comuns entre os inquiridos e nas instituições de saúde

Variável	Tipos	Antes (%)	Por (%)
Doença	Malária	51.7	73.3
	Diarreia	5.0	5.8
	Doenças de pele	0.0	1.7
	Problemas dentários	0.8	0.0
	Para	3.3	1.7
	Dores de estômago	24.2	1.7
	Tosse	10.8	6.7
	Congestão nasal	2.5	1.7
	Anemia	5.8	3.3
Estabelecimentos de saúde	Médico tradicional	40	3
	Drogaria/farmácia	44	8
	Hospitais públicos	13	86
	Clínica/hospital missionário	2	0
	Clínica privada	1	3

Fonte: estudo de campo, 2009

A capacidade dos inquiridos para pagar cuidados médicos em caso de doença aumentou de trinta e quatro por cento (34%) antes do projeto do arroz para noventa e três por cento (93%) (ver Quadro 4.7). Isto indica claramente que a maioria dos inquiridos pode pagar cuidados médicos em caso de doença grave, seja sob a forma de um prémio do Sistema Nacional de Seguro de Saúde (NHIS) ou de outra forma. A Tabela 4.7 mostra que noventa e dois por cento (92%) dos inquiridos que recorrem a cuidados médicos em caso de doença podem pagar a conta dos seus cuidados médicos. Trata-se de uma melhoria em relação ao período anterior à participação no projeto do arroz, em que apenas vinte e seis por cento (26%) podiam pagar os seus cuidados de saúde. Tendo em conta o enorme aumento do número de inquiridos capazes de pagar as suas contas médicas, é necessário determinar o que está por detrás deste aumento acentuado.

O quadro 4.7 mostra que sessenta por cento (60%) conseguem agora pagar as suas contas de saúde graças à melhoria dos seus rendimentos. Os restantes quarenta por cento (40%) atribuem a sua capacidade de pagar as facturas dos cuidados de saúde à sua adesão ao Regime Nacional de Seguro de Saúde (NHIS). A figura 4.2 mostra uma comparação entre a percentagem do rendimento dos produtores de arroz gasto em cuidados de saúde antes da sua participação no projeto do arroz e a percentagem atual.

Quadro 4.7: Serviços de saúde

Variável	**Resposta**	**Percentagem**		
		Antes (%)	**Depois (%)**	**Variação**
Capacidade de receber cuidados médicos em caso de doença	Sim	34	93	59
	NÃO	66	7.0	(59)
Capacidade para pagar os cuidados de saúde	SIM	26	92	66
	NÃO	74	8.0	(66)
Como é que podem pagar Cuidados de saúde	NHIS		40	
	Melhoria das receitas		60	

Fonte: estudo de campo, 2009

Sessenta e cinco por cento (65%) dos inquiridos gastam agora apenas 1-5% do seu rendimento em cuidados de saúde, em comparação com 28% anteriormente, provavelmente como resultado da sua participação no PRIP. Antes de participarem no projeto do arroz, a maioria (54%) gastava entre 6 e 10% do seu rendimento anual com os cuidados de saúde do agregado familiar. Isto indica que os produtores de arroz estão agora a gastar menos do seu rendimento em cuidados de saúde, o que se deve provavelmente à sua adesão ao RNIH.

Figura 4.3: Percentagem do rendimento dos agricultores gasto em cuidados de saúde, "antes" e "agora/depois

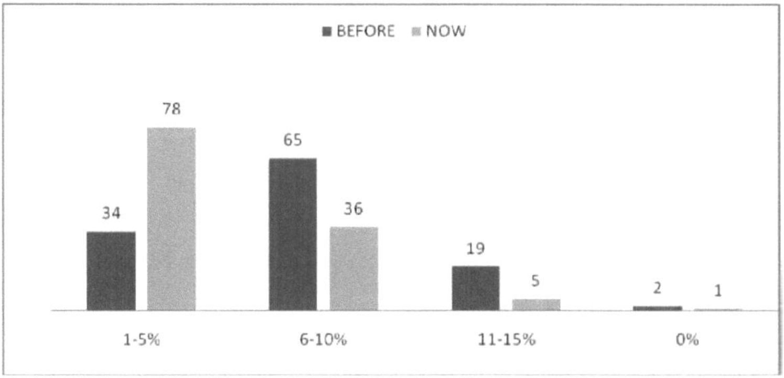

Fonte: estudo de campo, 2009

O NHIS permitiu que a maioria das pessoas que não recorriam aos cuidados hospitalares o fizessem agora, uma vez que o prémio do NHIS é mais barato e, por conseguinte, as pessoas não gastam muito em cuidados de saúde. Maxwell *et al.* 2000 constataram, no seu estudo em Accra (Gana), que rendimentos mais elevados conduzem a despesas de saúde mais elevadas. Pode dizer-se que, durante o seu estudo sobre as despesas de saúde, não existiam cuidados de saúde como o NHIS.

No que diz respeito à educação, o inquérito analisou a capacidade das crianças para pagar as propinas escolares, o método de pagamento das propinas escolares, melhorias na sua capacidade de comprar livros, melhorias na compra de uniformes escolares, sapatos e sandálias, e melhorias na sua capacidade de dar aos seus filhos "dinheiro de bolso" para comprar comida durante o período escolar. Neste estudo, as crianças em idade escolar são definidas como as que frequentam o infantário até ao ensino superior. A capacidade dos agricultores para pagar as propinas dos seus filhos melhorou de 58% antes do projeto do arroz para 83% depois do projeto (Quadro 4.8). Por outro lado, a capacidade dos produtores de arroz para pagar atempadamente e na totalidade as propinas escolares dos seus filhos aumentou 49% após a sua participação no projeto do arroz, provavelmente devido à melhoria do seu nível de rendimento acima referida.

Quadro 4.8: Capacidade para pagar as propinas dos filhos

Variável	Categoria	Antes (%)	Por (%)
Capacidade de Propinas escolares	Sim	58	83
	Não	34	9

	Sem resposta	8	8
Tipo de carga Pagamento	Pagamento integral	34	83
	Pagamento em prestações	58	9
	Sem resposta	8	8

Fonte: estudo de campo, 2009

Quando os produtores de arroz avaliaram se a sua oferta de outros bens educativos tinha melhorado depois de terem podido pagar as propinas escolares, a avaliação centrou-se na capacidade dos agricultores para comprar livros, sandálias e sapatos escolares, uniforme escolar e "dinheiro de bolso" para comprar comida durante o período escolar (Quadro 4.9). Os resultados mostram que mais de metade dos agricultores inquiridos afirmaram que a sua capacidade de comprar livros, sandálias e sapatos e um uniforme escolar para os seus filhos durante o período escolar tinha melhorado um pouco, enquanto cerca de 41% dos produtores de arroz afirmaram que eram capazes de dar aos seus filhos "dinheiro de bolso" para comprar comida na escola, enquanto apenas cerca de 2% afirmaram que não tinha havido qualquer melhoria na aquisição de outras lógicas educativas. Isto pode ser explicado pelo facto de os rendimentos dos agricultores terem aumentado após a sua participação no projeto do arroz.

Quadro 4.9: Avaliação dos agricultores sobre as melhorias na educação dos seus filhos %.

Resposta	**Livros**	**Sandálias e sapatos**	**Uniforme**	**Dinheiro de bolso**
Melhoria muito positiva	0.0	0.8	0.8	10.8
Boa melhoria	33.3	31.7	30.8	28.3
Melhoria adequada	55.8	52.5	55.8	40.8
Ligeira melhoria	1.7	5.8	3.3	10.8
Sem melhorias	1.7	1.7	1.7	1.7
Sem resposta	7.5	7.5	7.5	7.5

Fonte: estudo de campo, 2009

4.3 Produção de arroz

Os resultados dos projectos de arroz em termos de rendimento, área cultivada e número de ciclos de colheita são comparados para determinar se houve uma mudança significativa desde o lançamento do Projeto de Desenvolvimento do Arroz no Vale Interior (IVRDP). Para tal, o desempenho do projeto é comparado com o dos produtores de arroz antes do Projeto de Desenvolvimento do Arroz no Vale Interior. O Quadro 4.10 mostra que, antes do projeto, apenas 10% dos agricultores conseguiam obter rendimentos iguais ou superiores ao objetivo do projeto de 4,5 toneladas de arroz em casca por hectare. Mostra também que apenas 14% conseguiram atingir ou ultrapassar o objetivo do projeto de 4,5 toneladas de arroz paddy por hectare. Claramente, os rendimentos mudaram apenas 4% após o projeto. Embora a maioria não tenha conseguido atingir o objetivo do projeto, conseguiu aumentar significativamente o seu rendimento em comparação com "antes" do projeto. O estudo revelou que os produtores de arroz continuam a depender das chuvas, pelo que a ausência de chuva significa uma perda de colheita, uma vez que algumas das variedades de arroz introduzidas no âmbito do projeto são arroz de pântano que requerem um abastecimento constante de água. A maioria dos produtores de arroz cultiva áreas entre 0,6 e 1 hectare.

Quadro 4.10: Produção de arroz antes e depois da intervenção.

Variável	Categoria	Antes (%)	Por (%)	Modificar
Rendimento do arroz	Maior ou igual ao valor-alvo de 4,5 toneladas por hectare	10	14	4
	Abaixo do objetivo de 4,5 toneladas por hectare	90	86	(4)
Área cultivada	0,1-0,5 hectares	43	17	(26)
	0,6-1,0 hectares	54	79	25
	1,1-1,5 hectares	3	5	2
Número de culturas Ciclos por ano	Logo que	-	96	
	Duas vezes	-	4	

Fonte: estudo de campo, 2009

A percentagem de produtores de arroz capazes de cultivar superfícies entre 0,6 e 1,0 hectare é atualmente de

aumentou de 54% "antes" do projeto para 79% "agora". Antes da introdução do Projeto de Desenvolvimento do Arroz no Vale Interior, apenas 3% dos agricultores tinham capacidade para cultivar mais de 1 hectare. Esta percentagem aumentou ligeiramente após a introdução do projeto para 4%. 43% dos produtores de arroz podiam cultivar entre 0,1 e 0,5 hectares antes da introdução do projeto, mas esta proporção caiu para 17% com o projeto.

No método tradicional de cultivo de arroz no distrito de Ahafo-Ano Sul, antes da introdução do Projeto de Desenvolvimento do Arroz do Vale Interior, a maioria das variedades cultivadas eram de arroz de terras altas. Como resultado, o arroz era cultivado com água da chuva e o ciclo de colheita era de uma vez por ano. Com a introdução do Projeto de Desenvolvimento do Arroz no Vale Interior, esperava-se que o arroz pudesse ser cultivado mais do que uma vez por ano, mas esta expetativa ainda não se concretizou. A falta de barragens que permitam aos agricultores irrigar os seus campos de arroz é o principal obstáculo. Verifica-se que as barragens ainda não estão concluídas. Em consequência, apenas 4% dos orizicultores entrevistados afirmam que podem cultivar arroz duas vezes por ano, porque as suas explorações não estão localizadas perto de cursos de água que permitam a irrigação. O quadro 4.11 mostra que a variação do rendimento do arroz entre o período anterior ao projeto e o período atual é estatisticamente significativa, em cerca de 1%. Mostra também que a variação da área cultivada entre o período anterior ao projeto e o período atual é estatisticamente significativa a 1%. Isto significa que os produtores de arroz aumentaram significativamente os seus rendimentos e a dimensão das suas explorações após a implementação do Projeto de Desenvolvimento do Arroz no Vale Interior.

Quadro 4.11 Teste de significância

Variáveis	Tamanho da amostra	T	Significado (2 caudas)	Diferença média
Rendimento em toneladas métricas por hectare	120	-19.3240	.000***	-0.75833
Área cultivada	120	4.156	0.000***	0.28333

Fonte: estudo de campo, 2009 *** Significativo a 1%.

4.4 Impacto do projeto de desenvolvimento do arroz no vale interior nos indicadores de pobreza das famílias

O impacto do projeto de desenvolvimento do arroz no vale interior nos indicadores de pobreza das famílias, como a alimentação, a saúde e a educação das crianças em idade escolar, foi estimado com base no rendimento gerado pelo projeto do arroz e numa seleção de características socioeconómicas dos produtores de arroz.

4.4.1 Impacto do Projeto de Desenvolvimento do Arroz do Vale Interior no abastecimento alimentar das famílias

A equação empírica logística utilizada para estimar o impacto do desenvolvimento do arroz no vale interior

O projeto alimentar do agregado familiar é o seguinte:

$$\text{Log}\left(\frac{IMPNUT}{1-IMPNUT}\right) = \text{N} = \beta_0 + \beta_1\text{GEND} + \beta_2\text{AGE} + \beta_3\text{HHS} + \beta_4\text{EDU} + \beta_5\text{ INCRIC} + \beta_6\text{ INCOS} + \varepsilon_t \quad \text{E15}$$

[2]O Mac-Fadden R no Quadro 4.10 mostra que as variáveis independentes em conjunto explicam a variável dependente, a melhoria do consumo alimentar das famílias, em cerca de 31%. O modelo como um todo é significativo ao nível de 1%, como mostra a estatística do rácio de verosimilhança (5.86E-05).

Quadro 4.12: Impacto estimado do projeto de desenvolvimento do arroz nos vales interiores na melhoria da nutrição.

Variáveis	estatísticas z	Efeito marginal
IDADE	-0.629108	-0.0[illegible]5297539
GEND	1.690493*	1.1[illegible]5311856
HHS	-0.543834	-0.0[illegible]72578161
INCOS	4.367147***	2.6[illegible]8072344
INCRIC	0.750674	0.0[illegible]0884
EDU	0.263323	0.1[illegible]0267776
		McFadden R -square 0,3[illegible]3636

1 Significativo a 1%**. Significativo a 5%. * Significativo a 10%.

Fonte: dados do inquérito, 2009, (anexo 1)

O Quadro 4.12 mostra também que o género foi positivo e estatisticamente significativo ao nível de 10%. Isto pode ser explicado pelo facto de haver mais homens no inquérito, o que está ligado à sua capacidade de se envolverem energicamente na produção de arroz e, portanto, aumentarem o seu nível de rendimento. Esta conclusão confirma o relatório da CWIQ (2003) de que a malnutrição e a subnutrição continuam a ser um grande problema de saúde para as mulheres e crianças no distrito. Spring (1995) descobriu que as mulheres chefes de família geralmente enfrentam mais constrangimentos para alcançar a segurança alimentar. Elas tendem a ter explorações agrícolas mais pequenas, colheitas mais baixas, menos acesso a insumos e menos mão de obra disponível. As mulheres chefes de família também ganham geralmente menos do que os homens chefes de família, uma vez que tendem a ser mais activas no sector informal do que no sector formal. Esta conclusão do presente estudo pode também ser consistente com o inquérito da CEPAL nas Caraíbas e na América Latina, que concluiu que o género é também um fator que contribui para o estado nutricional, sendo a má nutrição significativamente mais prevalecente entre as raparigas e as mulheres (CEPAL, 2006). O seu estudo empírico também mostra que, nas Caraíbas e na América Latina, há algumas provas de preconceitos femininos na ingestão de alimentos em agregados familiares onde os membros masculinos da família recebem a maior parte dos alimentos e, frequentemente, os alimentos mais nutritivos.

O rendimento dos inquiridos proveniente de outras fontes também tem um impacto positivo no seu estado nutricional e é estatisticamente significativo (1%). O rendimento do projeto do arroz não tem uma influência significativa no estado nutricional dos inquiridos, embora seja positivo. O nível de educação dos inquiridos foi positivamente relacionado com o seu estado nutricional, embora não tenha sido significativo neste estudo. Isto significa que quanto mais elevado for o nível de educação dos inquiridos, melhor será o seu estado nutricional. Dado que a maioria dos agricultores não tem educação formal, isto pode ter um impacto negativo nas suas escolhas alimentares, tal como indicado pelo estudo da CEPAL (2006) nas Caraíbas e na América Latina, que concluiu que o nível de educação influencia as escolhas das pessoas sobre a alimentação e a saúde das suas famílias.

$$\text{Log}\left(\frac{IMPHTH}{1-IMPHTH}\right) = N = \beta_0 + \beta_1 Age + \beta_2 HHS + \beta_3 EDU + \beta_4 HH + \beta_5\ INCOS + \beta_6 INCRIC + \varepsilon_t \qquad \text{E16}$$

(2003) concluíram nos seus estudos que tanto o rendimento como a educação têm efeitos protectores independentes sobre a saúde. O facto de o inquirido ser o chefe do agregado familiar é estatisticamente significativo e tem um efeito positivo na melhoria do estado de saúde. O facto de o inquirido ser o chefe do agregado familiar tem um efeito positivo significativo no estado de saúde do agregado familiar. De acordo com Spring (1995), os agregados familiares chefiados por mulheres ganham geralmente menos do que os chefiados por homens. O efeito positivo do chefe de família sobre o estado de saúde do agregado familiar neste estudo pode ser explicado pelo facto de a maioria dos agricultores entrevistados serem chefes de família do sexo masculino e a sua contribuição para as despesas de saúde do agregado familiar ser, portanto, enorme.

Variáveis	Estatísticas z	Efeito marginal
IDADE	-2.014750**	-0.021984571
INCOS	1.888429*	0.542213697
INCRIC	1.589160	0.000882767
HHS	-0.891187	-0.051804588

HH	1.975169**	0.627012595
EDU	2.729649***	0.661577781

		Probabilidade (LR stat)
McFadden R quadrado	0.109184	0,006970***

Quadro 4.13: Resultados da regressão para a melhoria da saúde
*** Significativo a 1% ** Significativo a 5% * Significativo a 10%.
Fonte: dados do inquérito, 2009 (ver anexo dois).

4.4.3 Impacto do Inland Valley Development Project na educação das crianças em idade escolar.

O impacto do projeto de desenvolvimento de viagens no vale interior sobre a educação das crianças em idade escolar foi estimado utilizando a seguinte equação logística.

$$= N = B0 + e_1 AGE + e_2 CHSCH + e_3 EDU + B4\ INCOS + B5\ INCRIC + St_{E17}$$

Os resultados da regressão na Tabela 4.14 mostram que as variáveis independentes em conjunto prevêem 28% da variabilidade das variáveis independentes. O modelo como um todo é significativo ao nível de 1%, como mostra a estatística do rácio de verosimilhança (2,01E-05). Um aumento unitário na idade dos inquiridos tem um

$$\left(\frac{IMECH}{1 - IMECH}\right)$$

O nível de escolaridade dos inquiridos é significativo (1%) e tem um impacto positivo na melhoria da educação dos seus filhos e é estatisticamente significativo ao nível de 5%, de acordo com os resultados da regressão na tabela 4.12. Também se pode concluir que quanto mais velhos são os inquiridos, mais capazes são de proporcionar uma educação de qualidade aos seus filhos, uma vez que podem trabalhar e obter um rendimento. O nível de educação dos inquiridos é significativo (1%) e tem um impacto positivo na melhoria da educação das crianças. Os resultados da regressão permitem-nos concluir que as pessoas instruídas tendem a oferecer uma educação de qualidade aos seus filhos. Como Martorell e Habitch (1986) constataram nos seus estudos sobre cinco países africanos francófonos, as interacções positivas ou negativas entre educação e saúde tendem a combinar-se. Consequentemente, os filhos de pais instruídos tendem a ser mais saudáveis, o que se traduz em melhores resultados na escola.

Quadro 4.14: Impacto estimado do projeto de desenvolvimento de viagens no vale interior na melhoria da educação das crianças em idade escolar.

Variável	Estatísticas z	Efeito marginal
IDADE	2.219182**	0.008757099
INCOS	2.590880*	0.000967242
INCRIC	1.831406*	0.000459537
EDU	2.943827***	0.027517885
CHSCH	2.078095**	0.106112141
Mac Fadden R-quadrado 0,280561		Probabilidade (LR stat) 2.01E-05***

*** Significativo a 1%. **Significativo a 5 *Significativo a 10%.

Fonte: dados do inquérito, 2009, (anexo 3)

Tanto o rendimento dos projectos de arroz como o rendimento de outras fontes têm um impacto positivo na melhoria da educação das crianças em idade escolar dos inquiridos, e ambos são estatisticamente significativos ao nível de 10%. Este resultado confirma o estudo empírico de Scherr (1995) que, na sua avaliação do impacto da arboricultura como medida de redução da pobreza no Quénia, constatou que a melhoria do rendimento conduziu a uma melhoria da educação das crianças. O rendimento é de 5% e está significativamente ligado à qualidade da educação das crianças. Isto pode ser explicado pelo facto de um maior número de crianças a frequentar a escola levar a um aumento do rendimento familiar gasto na educação das crianças. Isto pode pesar muito nos orçamentos familiares. No entanto, neste estudo, os agricultores têm pelo menos um filho na escola, o que não pode aumentar a restrição orçamental do agregado familiar, daí a relação positiva.

CAPÍTULO CINCO

RESUMO, CONCLUSÕES E RECOMENDAÇÕES

5.1 Introdução

Este capítulo contém o resumo, as conclusões e as recomendações do estudo. A ideia principal é resumir os principais resultados do estudo e fazer algumas recomendações políticas.

5.2 Resumo executivo

O estudo analisa as características socioeconómicas dos produtores de arroz, a produção de arroz, como o rendimento, a dimensão das explorações e o ciclo de colheita, e estima o impacto do Projeto de Desenvolvimento do Arroz do Vale Interior nos indicadores de pobreza das famílias. O estudo concluiu que apenas 14% dos agricultores conseguiram atingir o objetivo de rendimento do projeto de 4,5 toneladas de arroz em casca por hectare, em comparação com 10% antes da introdução do Projeto de Desenvolvimento do Arroz no Vale Interior. A variação dos rendimentos ao longo dos dois períodos analisados neste estudo é estatisticamente significativa. O projeto está longe de atingir o seu objetivo de fazer com que 50% dos produtores de arroz atinjam o objetivo de rendimento de 4,5 toneladas por ano. A dimensão das explorações agrícolas da maioria dos agricultores situa-se entre 0,6 e 1,0 hectares, embora o projeto espere que os produtores de arroz participantes aumentem a dimensão das suas explorações para 1,0 ou 1,5 hectares à data do presente estudo. O aumento da dimensão das explorações agrícolas ao longo dos dois períodos de estudo é também estatisticamente significativo. Apenas 4% dos agricultores podem cultivar arroz duas vezes por ano devido à falta de sistemas de irrigação, o que levou a perdas de colheitas em 2007. Este facto pode ser confirmado pela tendência decrescente do rendimento médio dos produtores de arroz em 2007. Verificou-se que o rendimento dos produtores de arroz proveniente do projeto do arroz aumentou e tem um impacto positivo significativo na educação dos seus filhos. A relação entre o rendimento do projeto do arroz e o estado nutricional ou de saúde dos produtores de arroz inquiridos foi considerada estatisticamente insignificante. A prevalência de doenças na comunidade tem um impacto forte e negativo na saúde, independentemente do rendimento do agregado familiar. Apesar do aumento do rendimento, a prevalência da malária na área de estudo é pior do que antes da introdução do Projeto de Desenvolvimento do Arroz no Vale Interior. É provável que a intensificação da produção de arroz de pântano na área seja responsável pela maior prevalência de malária.

O estudo revelou também que as principais características socioeconómicas dos agricultores inquiridos que têm um impacto positivo na melhoria da sua alimentação são o género e o rendimento proveniente de outras fontes que não o projeto do arroz. Um dos factores que teve um impacto negativo na melhoria do seu estado de saúde foi a idade, enquanto a capacidade de gerar rendimentos de outras fontes, o facto de ser o chefe de família inquirido e o nível de educação tiveram um impacto positivo no seu estado de saúde. As características socioeconómicas dos produtores de arroz que têm um impacto positivo na educação dos seus filhos são a idade do agricultor e o rendimento proveniente do projeto do arroz e de outras fontes. Verificou-se que o nível de educação dos inquiridos tem um impacto positivo na educação dos seus filhos; portanto, o nível de educação dos produtores de arroz na área de estudo pode ser um dos factores que contribuem para o baixo nível de educação no distrito, dado que mais de metade dos produtores de arroz nunca recebeu educação formal. Em geral, o rendimento dos produtores de arroz proveniente de outras fontes ajudou a melhorar os indicadores de pobreza dos agregados familiares considerados neste estudo. O número de crianças que frequentam a escola também tem um impacto negativo na qualidade ou na melhoria da educação das crianças.

5.3 Conclusões

Em termos económicos, o objetivo do projeto de aumentar os rendimentos dos produtores de arroz, a fim de reduzir a pobreza, não foi plenamente alcançado, como demonstrou o presente estudo. O estudo mostra que 44% dos produtores de arroz ultrapassaram o limiar inferior de pobreza de GHc 288 (GLSS V, 2008) e apenas 30% ultrapassaram o limiar superior de pobreza de GHc 370,90 (GLSS V, 2008) em termos de rendimento gerado pelo projeto do arroz. Podemos, portanto, concluir que os projectos agrícolas podem ajudar a aumentar o rendimento das famílias se lhes forem fornecidos os insumos e o acompanhamento necessários. No entanto, o estudo também mostrou que um aumento do rendimento das famílias não tem automaticamente um impacto positivo nos indicadores de pobreza, como a saúde e a nutrição, se a prestação destes serviços não for da melhor qualidade. O estudo mostra que o rendimento do projeto do arroz, neste caso o rendimento do arroz por hectare, foi negativamente afetado pelo atraso no fornecimento dos insumos do projeto, como o equipamento de irrigação. Por outras palavras, o rendimento do projeto é diretamente proporcional aos insumos do projeto, o que significa que um atraso na entrega dos insumos para um determinado projeto pode ter um impacto negativo direto no rendimento do projeto.

Outra conclusão deste estudo é que a execução dos projectos pode ter consequências negativas graves para o ambiente e a saúde das pessoas que vivem nas zonas de captação dos projectos.

5.4 Implicações políticas

Com base nos resultados do estudo, poderiam ser tomadas as seguintes medidas políticas para melhorar a participação no projeto do arroz e o cultivo geral do arroz na área de estudo e no país como um todo.

- As mulheres devem ser encorajadas a participar no projeto, uma vez que o estudo revelou que a maioria dos produtores de arroz participantes são homens, o que não está em conformidade com o objetivo do projeto de aumentar os rendimentos dos agricultores e das agricultoras. A baixa participação das mulheres pode ser explicada pelo facto de a nova tecnologia de cultivo do arroz ser de mão de obra intensiva. Os projectos agrícolas destinados a reduzir a pobreza dos agricultores ou das populações rurais devem ser concebidos de modo a que mais mulheres estejam dispostas a adoptá-los e a beneficiar deles. Deve ser dada especial atenção, sob a forma de apoio técnico e financeiro, às mulheres que estejam dispostas a participar nestes projectos de redução da pobreza.
- A maioria dos agricultores é analfabeta, pelo que devem ser organizadas mais demonstrações no terreno para que os agricultores possam compreender plenamente a tecnologia e os benefícios do projeto.
- Outra lição a retirar deste estudo é que os projectos agrícolas devem ser concebidos de forma a serem adaptados à zona a implementar, ou que todos os factores de produção necessários devem estar disponíveis antes de o projeto ser implementado. O cultivo de arroz duas vezes por ano aumentaria a produção de arroz, o que poderia aumentar o rendimento dos agricultores. Foi demonstrado que a mudança tecnológica na agricultura, com o apoio de instituições e infra-estruturas rurais adequadas, pode aumentar os rendimentos dos pobres e assegurar a estabilidade dos preços dos alimentos. Precisamos, portanto, de acelerar a construção de barragens e o fornecimento de equipamento de irrigação para que os agricultores possam irrigar os seus campos de arroz e cultivar arroz duas vezes por ano. Isto

também evitaria perdas de colheitas na ausência de chuva. O atraso na construção das barragens e dos sistemas de irrigação deve-se à dificuldade de aquisição de terrenos em torno do rio a partir do qual o projeto previsto deverá ser executado. Os líderes de opinião das regiões onde os projectos vão ser implementados devem ser envolvidos no planeamento e implementação dos projectos nas suas regiões, de modo a facilitar a aquisição de terrenos para os projectos.

- Os produtores de arroz devem ser encorajados a diversificar as suas culturas, a fim de ultrapassarem os choques económicos e financeiros que podem resultar da quebra de safra no cultivo do arroz. Devem também dedicar-se a actividades não agrícolas que lhes proporcionem um rendimento, pois este estudo mostrou que um agricultor que obtém rendimentos de outras fontes tem um impacto significativo na melhoria da nutrição, saúde e educação das crianças em idade escolar.
- Os projectos devem ser concebidos de forma a que os riscos ambientais e os custos sociais sejam devidamente tidos em conta, para evitar que o custo das externalidades negativas exceda os benefícios esperados do projeto.

Apesar de ter sido provado na Ásia e em partes de África que a agricultura tem um enorme potencial para reduzir a pobreza entre as populações rurais, tal como descrito na literatura, o governo e outros parceiros de desenvolvimento devem garantir que a assistência técnica aos projectos de redução da pobreza é totalmente implementada, a fim de colher todos os benefícios de tais medidas.

5.5 Sugestões para investigação futura

Este trabalho examinou o impacto do Projeto de Desenvolvimento de Viagens do Vale Interior nos agregados familiares.

Indicadores de pobreza para os produtores de arroz no distrito de Ahafo-Ano South, na região de Ashanti, no Gana. Podem também ser realizados outros estudos para efeitos de avaliação e acompanhamento contínuos do projeto, substituindo os resultados reais do projeto nos seus primeiros anos por uma verificação da taxa interna de rentabilidade e do rácio custo/benefício, com base em hipóteses razoáveis sobre o desempenho do projeto durante o resto da sua vida.

REFERÊNCIAS

Abadie, A. (.2003.), *Semi-parametric Instrumental Variable Estimation of Treatment Response Models*", Journal of Econometrics, 113, 231-263.

Adegbola, P., *A,* Aminou; Aliou Diagne e Souleimane A. Adekambi. Adekambi (2005). *Determinantes socioeconómicos e quantidades e intensidade de cultivo das novas variedades de arroz NERICA no centro do Benim*. Documento a ser apresentado para publicação.

Adekambe S ; A, Diagne ; F, Simtowe ; G, Biaou (2009). O impacto da introdução da tecnologia agrícola na pobreza: o caso das variedades de arroz NERICA no Benim

Alderman, H. e Garcia, M. (1994). "Food Security and Health Security: Explaining the Levels of Nutritional Status in Pakistan" Reimpresso em Economic Development Cultural Change. Volume 42, No. 3, abril de 1994, reimpresso no. 289, IFPRI, Washington, DC. U S A.

Anderson, A. S. (2002). The influence of cash cropping credit and household composition on household food security in southern Malawi. African Studies Quarterly 6, n° 1&2 : [online] URL : http://web.africa.ufl.edu/asq/v6/v6i1a7.htm

Appleton, S. (2001). Poverty reduction during growth. O caso do Uganda. Banco Mundial Washington D.C.

Appleton, S. (1999). "Changes in poverty in Uganda, 1992-1997". Documento de trabalho n.º 99-22, Universidade de Oxford, Centro para o Estudo das Economias Africanas, Oxford, Inglaterra.

Appleton, S. (1998). "Changes in poverty in Uganda (1992-1996)". WPS/98-15, Centro para o Estudo das Economias Africanas. CSAE Publishing, Oxford, Reino Unido.

Arsenio, B. (1992). "xxx", *Philippine Development Review*, 19(1). (Sobre a estimativa de escalas de equivalência).

Aryeetey, E. (2004); Household Asset Choice Among the Rural Poor; apresentação no workshop dos autores do projeto "Understanding poverty in Ghana" do Instituto de Estatística, Social e Económica e da Universidade de Cornell.

Babu, S.C. e Chapasuka, E. (1997). Mitigating the effects of drought by monitoring food security and nutrition - Lessons from Malawi". Reimpresso do Boletim de Alimentação e Nutrição. Volume 18, No. 1, 1997, Reimpressão No. 367, IFPRI, Washington, D.C., U.S.A.

Barnes, C. (1996) "Les actifs et l'impact des programmes de microfinancement". In: Assessing the impact of Micro-enterprise Services (AIMS). Publicado por Hulme, D. Brief 6 U.S. Agency for international Development. Washington, DC, U.S.A.

Berdie, D. R., e J. F. Anderson (1976). Mail Questionnaire Response Rates - Updating Outmoded Thinking. *Zeitschrift für Marketing, 40*(1): 71-73.

Bird, K., D. Booth, e N. Pratt. 2003. Pratt (2003). "Food security crisis in Southern Africa: the political context behind policy failure". Documento temático do Fórum de Segurança Alimentar da África Austral.

Block, S. e P. Timmer (1994) Agriculture and economic growth: concetual issues and the Kenyan experience. Harvard Institute for International Development: Cambridge, MA. EUA.

Bouis, H. E., e J. H. Lawrence (1992). "*Are estimates of calorie-income elasticity too high? A Recalibration of the Plausible Range*", Journal of Development Economics 39: 33-364.

Bourdillon, M; H, Paul; H, John; K, Bill; M, John; M, Netsai; O, Trudy. (2002). Assessing the impact of HYV maize in resettlement areas in Zimbabwe. Documento de discussão 161. Washington, DC: Instituto Internacional de Investigação sobre Políticas Alimentares.

Bourguignon, F. e C. Morrisson (1998) Inequality and development: the role of dualism. Revue d'économie du développement 5: 233-257.

Brown, L. e Kerr, J. (1997). The Gender Dimensions of Economic Reform in Ghana, Mali and Zambia (As dimensões de género da reforma económica no Gana, Mali e Zâmbia). Ottawa, Ontário, Canadá: North South Institute.

Byerlee, D., A. de Janvry, e Elisabeth Sadoulet (2008), "Agriculture for Development: Towards a New Paradigm". Documento preparado para a Annual Review of Resource Economics 2009.

Byerlee, D., X. Diao, e C. Jackson. 2006. Jackson (2006). Policies to promote cereal intensification in Ethiopia: Help or hindrance? Gold Coast, Queensland, Austrália

Case, A.C. e Deaton, A. (2003). Breakdown by work and gender: how our health is deteriorating. National Bureau of Economic Research Working Paper Series.

Christiaensen, L., e L. Demery (2007) "Down to Earth: Agriculture and Poverty Reduction in Africa". Banco Mundial.

Christiaensen, L., e L. Demery (2006). The role of agriculture in poverty reduction in sub-Saharan Africa revisited (O papel da agricultura na redução da pobreza na África Subsariana revisitado). Washington.

Chua, T.E. (1998). Lesson Learned from Practising Integrated Coastal Management in South-East Asia, Ambio, 27, 599-610.

Coudouel A, J. S. Hentschel e Q. T. Wodon. T. Wodon (2002). Measuring and analysing poverty.

Datt, G. e Joliffe D. (1998). Determinantes da pobreza no Egipto: 1997. Discussão FCND Paper No. 75, Washington, D.C.: International Food Policy Research Institute.

Datt, G., Simler K., Mukherjee S., Dava G. (2000). Determinantes da pobreza em Moçambique: 1996-97. FCND Discussion Paper No. 78. Washington, D.C.: Instituto Internacional de Investigação de Políticas Alimentares.

Datt, G. e M. Ravallion, (1992). "Growth and redistribution components of changes in poverty measures: A Decomposition with Applications to Brazil and India in the 1980's." *Journal of Development Economics,* 58(2): 275-95.

Datt, G. e M. Ravallion (1996). Qual a importância da composição setorial do crescimento económico para os pobres na Índia? The World Bank Economic Review 10: 1-25.

Deaton, A. (1997). "The analysis of household surveys: A microeconometric study". Approach to Development Policy". Baltimore: Banco Mundial e John Hopkins Imprensa universitária.

de Janvry, A. e E. Sadoulet (2008). "Agriculture for Development in Africa: Business as Usual or New Departures? Documento para a reunião do Consórcio Africano de Investigação Económica em Entebbe, junho de 2008.

de Janvry, A., e E. Sadoulet (2002). "World poverty and the role of agricultural technology: direct and indirect effects". *Revue d'études du développement* 38 (4): 1-26.

de Janvery, A. e E. Sadoulet (1996). Crescimento, desigualdade e pobreza na América Latina: uma análise causal, 1970-94. Documento de trabalho n.º 784, Departamento de Economia Agrícola e dos Recursos, Universidade da Califórnia em Berkeley, Califórnia, EUA.

Delgado, C. (1998) "Africa's changing development strategies: past and present paradigms as a guide to the future". *Brown Journal of World Affairs* 5, no. 1(1998): 175-214

Delgado, C., J. Hopkins e V. Kelly (1998). Agricultural Growth Linkages in Sub-Saharan Africa (Ligações do crescimento agrícola na África Subsariana). IFPRI Research Report 107, Instituto Internacional de Investigação sobre Políticas Alimentares, Washington DC, EUA.

Diao, X., P. Hazell, P., D. Resnick, e J. Thurlow (2008) "The Role of Agriculture in Development, Implications for Sub-Saharan Africa", International Food Policy Research Institute Research Report 153.

Duclos, J.-Y., e P. Makdissi (1999). "Sequential stochastic dominance and robustness of poverty ordering". Documento de trabalho 9905, Universite Laval, Faculté des sciences économiques, Laval, Canadá.

Dunn, E. (1996). "Households, microenterprises and debt". In: Assessing the impact of Micro enterprise Services (AIMS). Publicado por Hulme, D. Brief 5 U.S. Agency for international Development. Washington, DC, U.S.A.

Relatório da Comissão Económica para a América Latina e as Caraíbas (CEPAL) e do Programa Alimentar das Nações Unidas (2006). *Inquérito sobre segurança alimentar na América Latina e nas Caraíbas.*

Gallup, J., S. Radelet e A. Warner (1997). Economic growth and the income of the poor. Documento de discussão CAER n.º 36. Harvard Institute for International Development: Cambridge, MA, EUA.

Serviço de Estatística do Gana (2000) The Ghana Living Standards Surveys Report of the Fourth Round, Accra.

Serviço de Estatística do Gana (2008) Ghana Living Standards Survey Report of the Fifth Round (GLSS 5), Accra.

Gibbons, D. (1997). "Targeting the poorest and cost recovery". Observações na Cimeira do Microcrédito. 3 de fevereiro. Washington, DC, E.U.A.

Gladwin, C.H. & Thompson, A.M. (1997). Culturas alimentares vs. culturas de rendimento: qual é a chave para a segurança alimentar das mulheres agricultoras africanas? Trabalho apresentado nas reuniões da American Anthropological Association, Washington, DC, e da International Association of Agricultural Economists, Sacramento, CA.

Glewwe, P. (1990). *Study of the determinants of household welfare in Côte d'Ivoire*. Living Standard Measurement Study 29, Banco Mundial, Washington, D.C.

Goedhart, T. V. Harberstadt, A. Kapteyn, e B. M. S. van Praag. (1977). "The poverty line: concept and measurement". *Journal of Human Resources* 12(4): 503-20.

Greene, W. H. (1999). *Econometric analysis.* Macmillan Englewood Cliffs, NJ

Grosh, M. e Glewwe P, (eds.) (2000). Designing Household Survey Questionnaires for Developing Countries: Lessons From 15 years of the Living Standards Measurement Study, Washington : DC: The World Bank.

Grosh, M., e J. Munoz (1996). *A Manual for Planning and Implementing the Living Standards Measurement Study Survey 126.* Banco Mundial, Washington, D.C.

Grossman, M. (1972). "On the concept of health capital and the demand for health" *Journal of Political Economy*, 80 : 223-55.

Grusky, D. B. (2006): Poverty and Inequalities- The Conceptual Foundations of Poverty and Inequality Measurement, Standford University Press, Standford, University. S. 1-29

Habicht, J. P. e Pelletier, D.L., (1990). The importance of context in the selection of nutritional indicators, J. Nutr.120, 1519-1524.

Haddad, L., Kennedy, E. e Sullivan, J. (1994). "Choice Indicators for Food Security and Nutrition Monitoring". Reimpresso de Food Policy. Volume 19, No. 3, junho de 1994. Reimpressão No. 298, IFPRI, Washington, DC, E.U.A.

Hara, W., H. Dosso e D. Lekorchi (2001). *Projeto de desenvolvimento do arroz no vale interior Relatório de avaliação.* http://www.afdb.org/fileadmm/uploads/afdb/Documents/Project-and-Operations/GH-2001-050-EN-ADF-BD-WP-GHANA-AR-INLAND-VALLEYS-RICE-DEVELOPMENT-PROJECT.PDF (consultado em 2009).

Harold, Z. (1999). Poverty and vulnerability assessment of microcredit in Bangladesh: a case study of the Bangladesh Rural Advancement Committee (BRAC). Gabinete do Economista-Chefe e Vice-Presidente Sénior (DECVP). Banco Mundial, Washington, DC, E.U.A.

Handa, S. e D. King (1997). "Structural adjustment policies, income distribution and poverty: an examination of the Jamaican experience". Reimpresso de World Development. Vol 25, No 6, 1997, Reimpressão No 374, IFPRI, Washington, DC, U.S.A.

Hazell, P. e C. Ramasamy e oito outros (1991). The Green Revolution Reconsidered: The Impact of High-Yielding Rice Varieties in South India [A Revolução Verde Reconsiderada: O Impacto das Variedades de Arroz de Alto Rendimento no Sul da Índia]. Johns Hopkins University Press for the International Food Policy Research Institute: Baltimore, EUA e Londres, Reino Unido.

Henry, C., M, Sharma, C, Lapenu e M Zeller (2003). "Microfinance Poverty Assessment Tool" Instituto Internacional de Investigação sobre Políticas Alimentares. Série de Ferramentas Técnicas No. 5

Hossain, M; D, Lewis; M. L, Bose; A, Chowdhury (2003). Rice research, technological progress and impact on the poor: the case of Bangladesh. Documento de discussão 110, Instituto Internacional de Investigação sobre Políticas Alimentares (IFPRI).

Huby, M. e S, Stevenson (2003). "Meeting needs and achieving sustainability in water project interventions". Progress in Development Studies. I julho de 2003, volume 3, n.º 3, pp. 196-209 (14). Holder Arnold Journals.

Huppi, M & M, Ravallion (1991). "The sectoral structure of poverty during a period of adjustment. Evidence for Indonesia in the Mid-1980s", World Development 1653-1678.

Imbens, G.W., Angrist, J.D. (1994). *Identificação e estimativa dos efeitos médios locais do tratamento.* Econometrica 62, 467-476.

Instituto de Investigação Estatística, Social e Económica (ISSER). (2009). The State of the Ghanaian Economy in 2008, ISSER, Universidade do Gana, Legon .

Instituto de Investigação Estatística, Social e Económica (ISSER). (2004). The State of the Ghanaian Economy in 2003, ISSER, Universidade do Gana, Legon.

Comité Permanente Interinstitucional (IASC) (2005). "Ficha de ação 6.1: Implementação de programas de segurança alimentar e nutricional". *Guidelines for Gender-based Violence Interventions in Humanitarian Settings: Focus on prevention and response to sexual violence in emergencies.* Genebra. http://www.reliefweb.int/library/documents/2005/iasc-gen-30sep.pdf

Irz, X, Lin Lin, Thirtle, C e S Wiggins. (2001). *Agricultural productivity growth and poverty reduction.* Development Policy Review 19(4): 449-466. http://www.blackwellpublishing.com/journal.asp?ref=0950-6764&site=1

Islam, N. (1997). "Famine, famines and poverty: some reflections on political economy" [Fome, fome e pobreza: algumas reflexões sobre economia política]. Reimpresso de Asia - Pacific Development Journal. Volume 4, N.º 1, junho de 1997. Reimpressão nº 380, IFPRI, Washington, DC, E.U.A.

Agência de Cooperação Internacional do Japão (JICA) e Aliança para uma Revolução Verde em África (AGRA). (2008). Relatório da Coligação para o Desenvolvimento do Arroz em África (CARD), maio de 2008.

Johnson, U. e D. Toole (1991). Household Food Security and Nutrition: A Conceptual Analysis (Segurança Alimentar e Nutrição dos Agregados Familiares: Uma Análise Conceptual). New York United Nations Children's Fund.

Johnston, B. F. e J. W. Mellor (1961). The role of agriculture in economic development. American Economic Review 51: 556-593.

Kanbur, R. (2001). A commentary on qualitative and quantitative poverty assessment. Comentário num seminário na Universidade de Cornell sobre "Qualitative and Quantitative Poverty Assessment: Complementarities, Tensions and the Way Forward". 15 e 16 de março de 2001. Universidade de Cornell e Iniciativa Pobreza, Desigualdade e Desenvolvimento da Fundação MacArthur.

Kennedy, E., Bouis, H. e Branun, J.V. (1992). "Health and Nutrition Effects of Cash Crop Production in Developing Countries: A Comparative Analysis". Reimpresso por Pergamon Press Ltd, Headignton Hill Hall, Oxford OBW, U.K. Reimpressão nº 252, IFPRI, Washington, DC, U.S.A.

Kijima, Y., K, Otsuka, e D, Sserunkuuma (2008), 'Assessing the impact of NERICA on income and poverty in central and western Uganda', Agricultural Economics, Vol 38, pp 327-337.

Krueger, A., S, Maurice, e V, Alberto (1988). "Agricultural Incentives in Developing Countries: Measuring the Effect of Sectoral and Economy wide Policies. "*World Bank Economic Review* 2 (3): 255-71.

Kumar, S.K. (1993). "The Economics and Politics of Food Policies". stReimpresso de For A Better Nutrition in the 21 Century. Publicado por Leathwood, P. Hurrisberga, M. e James, W. Nestle Nutrition Workshop Series, Vol 27 © 1993 por Nestec Ltd e Raven Press, Ltd. Reimpressão No. 269. IFPRI, Washington, DC, E U.A.

Ledgerwood, A. (1999). Microfinance Handbook, An Institutional and Financial Perspective. Washington, DC: Banco Mundial, Projeto Banco Sustentável com os Pobres.

Lipton, M. (2004a). Crop *Science, poverty and the family in a globalised world (Ciência das culturas, pobreza e família num mundo globalizado).* Sessão plenária, Conferência Internacional de Brisbane sobre Ciência das Culturas.

Lipton, M. (2004b). New paths for agriculture in the fight against poverty: the DFID initiative (Novas vias para a agricultura na luta contra a pobreza: a iniciativa do DFID). Departamento para o Desenvolvimento Internacional. Disponível em http://dfid-agricultureconsultation.nri.org/launchpapers/michaellipton.html

Martorell, R. e J.-P. Habicht (1986), "Early childhood growth in developing countries Countries", *em Human Growth: A Comprehensive Treaty, Vol. 3: Methodology, Ecological, Genetic and Nutritional Effects on Growth*, Plenum Pub, New York.

Maxwell, D., Levin, C., Armar - Klemesu, M., Ruel, M., Morris, S. e Ahiadeke, C. (2000) "Urban

Livelihoods and Food and Nutrition Security in Greater Accra, Ghana". IFPRI em colaboração com o Noguchi Memorial Institute for Medical Research e a World Health Organization Research. Relatório 112.

Mellor, J. (2000) "Fighting Poverty, Cushioning Economic Shocks: Agriculture and the Nontradable Economy". [st]Documento de trabalho para a 1ª reunião de peritos sobre a documentação e medição dos papéis na agricultura nos países em desenvolvimento (19-21 de março de 2000). FAO, Roma, Itália.

Mendola, M. (2006). Agricultural technology introduction and poverty reduction: a propensity score matching analysis for rural Bangladesh. Food Policy 32 (2007) 372-393

Muurinen, J. M. e J. Le Grand. 1985. "L'analyse économique des inégalités dans le domaine de la santé" *Sciences sociales et médecine,* 20(10): 1029-35.

Mwabu G. e E. Thorbecke. Thorbecke (2004) "Rural Development, Growth and Poverty in Africa", *Journal of African Economies*, Volume 13, AERC Supplement 1, PP. 116-165

Norman J.C. & E. Otoo (2002). Estratégias de desenvolvimento de viagens para a segurança alimentar em África. Actas da 20ª Sessão da Comissão Internacional do Arroz. Banguecoque, Tailândia, 23-26 de julho de 2002

Okalang G. K. (2008). Poverty reduction and sectoral development: a multiplicative analysis of social accounting matrices (SAM) applied to Uganda. SLU (Sveriges lantbruksuniversitet), Departamento de Economia. Tese de mestrado em economia: Tese n.º 512.

Pinstrup - Anderson, P. e Pandya - Lorch, R. (1995). "The supply side of global food security". Reimpresso em Economies et Sociétés . A. G. n° 22,3-4/1995, p. 17 - 36. IFPRI, Washington, DC. U.S.A.

Pradhan, M., e M. Ravallion (2000) "Measuring poverty using qualitative perceptions of well-being". *Review of Economics and Statistics*, 82(3):62-71.

Pradhan, M e M, Ravallion (1998) "Measuring Poverty Using Qualitative Perceptions of Welfare". Banco Mundial, Washington, DC, novembro de 1998.

Rangarajan, C. (1982). Agricultural Growth and Industrial Performance, Washington, International Food Policy Research Institute, Research Report No. 33.

Ravalion, M. (1998). Poverty Lines Measurement Study Work Paper No. 133, Banco Mundial.

Ravallion, M., e G. Datt, (1996). "Quão importante é a composição setorial do crescimento económico para os pobres da Índia?" *World Bank Economic Review* 10 (1): 1-25.

Ravallion, M., (1993). Comparações da pobreza - Guia de conceitos e métodos. Washington, D.C.: Banco Mundial.

Salmen F.L. (1992). Reducing poverty-An institutional perspective, poverty and social policy paper no 1, Banco Mundial.

Sarantakos, S. (1997). [nd]Social Research-2 Edition, Palgrave Publishers, Nova Iorque, N.Y. 10010.

Sarris, A., P, Karfakis, & L, Christiaensen (2006). "The static benefits of commodity price and weather-based insurance". Mimeo, Banco Mundial, Washington, DC.

Scherr S. J. (1995a). "Economic factors in farmers' adoption of agroforestry: patterns observed in western Kenya". Reimpresso de World Development. Vol 23, No. 5, maio de 1995, Reimpressão nº 310, IFPRI, Washington, DC, E.U.A.

Scherr, S. J. (1995b). "Meeting Household Needs: Farmer Tree - Growing Strategies in Western Kenya". Reproduzido de Tree Management in Farmer Strategies: Responses To Agricultural Intensification. Editado por Arnold, M. e Dervees, P., Oxford University Press, 1995. Reimpressão No. 302, IFPRI, Washington, DC, E.U.A.

Schultz, Theodore W. (1964). *Transforming traditional agriculture.* New Haven, Connecticut: Yale University Press.

Sen, A. (2006): Poverty and Human Functioning: Capabilities as fundamental claims.

Sharp, A., M, Registo. (1996); Economic of Social Issues, U.S.A IRWIN INC.

Spring, A. (1995). Agricultural development and gender issues in Malawi. Lanham, MD: University Press of America.p.28.

Staatz J.M, N.N Dembele (2008). Agriculture for Development in Sub-Saharan Africa Background Paper for World Development Report 2008 (Agricultura para o Desenvolvimento na África Subsariana).

Thirtle, C., X. Irz, L. Lin, V. McKenzie-Hill & S. Wiggins. (2001). The relationship between changes in agricultural productivity and the onset of poverty in developing countries. Relatório encomendado pelo DFID. Department for International Development: Londres, Reino Unido.

Thomson, A. e G. Williams (2003). Meeting the Millennium Development Goal on hunger: a review of DFID's Poverty Reduction Strategy Papers, Country Assistance Plans and their treatment of food security issues. Documento preparado para o DFID. Department for International Development: Londres, Reino Unido.

Timmer, P. (1997). "How Well Do the Poor Connect to the Growth Process?". Documento de discussão 178, Consulting Assistance on Economic Reform project, Harvard Institute for International Development, Cambridge, Massachusetts.

Townsend, P. (1997). *"Poverty In the United Kingdom"*, Allen Lane: Londres.

Nações Unidas, (2005). Relatório sobre os Objectivos de Desenvolvimento do Milénio. Nova Iorque: Nações Unidas.

PNUD (2005) Cimeira do Milénio das Nações Unidas em 2000.

Walker,T., D, Boughton ; D, Tschirley ; R, Pitoro ; & A, Tomo. (2006). Dados do Inquérito ao Rendimento dos Agregados Familiares Rurais para Informar a Análise da Pobreza: um exemplo de Moçambique. Documento apresentado na Conferência da Associação Internacional de Economistas Agrícolas, Gold Coast, Austrália, 12-18 de agosto de 2006.

Warr, P. (2001). Poverty Reduction and Sectoral Growth, Evidence from Southeast Asia [Redução da Pobreza e Crescimento Sectorial, Dados do Sudeste Asiático]. Universidade Nacional Australiana: Camberra, Austrália.

Webster, L. & P. Fiddler (1995), "the informal sector and micro finance Institutions in West Africa" would Bank Private Sector Development Industry and energy Division, Washington D C.

Wodon Q. (2000) "Micro Determinants of Consumption, Poverty, Growth, and Inequality in Bangladesh". *Applied Economics* 32(10): 1337-52.

Banco Mundial (2008). Relatório sobre o Desenvolvimento Mundial. Agricultura para o desenvolvimento.
http://web.worldbank.0rg/WBSITE/EXTERNAL/TOPICS/EXTPOVERTY/O

Banco Mundial (2005). O desafio do desenvolvimento, Relatório sobre o Desenvolvimento Mundial 2005, Oxford University Press, N Y

Banco Mundial (2005): Ethnic minority development in Vietnam: a socio-economic perspective [Com Bob Baulch, Truong Thi Kim Chuyen e Dominique Haughton].

Banco Mundial. (2005a). Indicadores de Desenvolvimento Mundial e Desenvolvimento Global Base de dados financeira, Banco Mundial, Washington DC.

Banco Mundial. (2005b). "Ethiopia: Prosperity and Poverty in Ethiopia - The Role of Agriculture and Government". Relatório 29468-ET, Região de África, Banco Mundial.

Banco Mundial (2003). *Global Economic Prospects 2004: Realizing the Development Promise of the Doha Agenda,* Washington D.C.: The World Bank, setembro.

Banco Mundial. (2000). *The Quality of Growth.* Oxford: Oxford University Press.

Banco Mundial (2000): *Relatório sobre o desenvolvimento mundial 2000/2001: Redução da pobreza.* Washington DC

Banco Mundial, Poverty Net (2005). (http://web.worldbank.org/WBSITE/EXTERNAL/TOPICS/EXTPOVERTY/.

Yin, R. K. (1989). "Case Study Research: Design and Methods", Vol. 5, Newbury Park, Londres, Nova Deli: Saga Publications.

Zeller M, N. Houssou, G.V. Alcaraz, S. Schwarze & J. Johannsen (2007). Development of poverty assessment tools based on principal component analysis: results from Bangladesh, Kazakhstan, Uganda and Peru.

Zeller, M., Sharma, M., Henry, C., Lapenu, C., (2006). An operational tool for assessing the performance of development policies and projects in reducing poverty: Results from case studies in Africa, Asia and Latin America, World Development 34, 446-464.

APÊNDICES

APÊNDICE Um: Resultados da regressão da melhoria do regime alimentar

Variável	Coeficiente	Erro de tempo	Estatísticas z	Prob.
C	-0.558039	1.585123	-0.352048	0.7248
IDADE	-0.017651	0.028057	-0.629108	0.5293
GEND	1.367667	0.809034	1.690493	0.0909
HHS	-0.083744	0.153988	-0.543834	0.5866
INCOS	3.032390	0.694364	4.367147	0.0000
INCRIC	0.001020	0.001359	0.750674	0.4528
EDU	0.127232	0.483180	0.263323	0.7923

Média da var. dependente	0.866667	S.D. variável dependente	0.341360
S.E. da regressão	0.283748	Critérios de informação de Akaike	0.659629
Soma dos resíduos ao quadrado	9.097982	Critério negro	0.822233
Probabilidade de log	-32.57773	Critério Hannan Quinn.	0.725663
logaritmo da probabilidade residual	-47.12094	Avanço da verosimilhança logarítmica	-0.271481
Estatísticas LR (6 df)	29.08640	McFadden R quadrado	0.308636
Probabilidade (LR stat)	5.86E-05		
Obs com Dep=0	16	Total obs	120
Obs com Dep=1	104		

APÊNDICE 2: Resultados da regressão para a melhoria da saúde

Variável	Coeficiente	Erro de tempo	Estatísticas z	Prob.
INCRIC	0.001492	0.000939	1.589160	0.1120
EDU	1.118159	0.409635	2.729649	0.0063
HHS	-0.087557	0.098248	-0.891187	0.3728
HH	1.059739	0.536531	1.975169	0.0482
IDADE	-0.037157	0.018442	-2.014750	0.0439
INCOS	0.916417	0.485230	1.888429	0.0590
C	-0.440172	0.988777	-0.445168	0.6562

Média da var. dependente	0.591667	S.D. variável dependente	0.493586
S.E. da regressão	0.467102	Critérios de informação de Akaike	1.321488
Soma dos resíduos ao quadrado	24.65485	Critério negro	1.484392
Probabilidade de log	-72.28928	Critério Hannan Quinn.	1.387522
logaritmo da probabilidade residual	-81.14954	Avanço da verosimilhança logarítmica	-0.602411
Estatísticas LR (6 df)	17.72054	McFadden R quadrado	0.109184

Probabilidade (LR stat)	0.006970		

Obs com Dep=0	49	Total obs	120
Obs com Dep=1	71		

APÊNDICE 3: Resultados da regressão para melhorias na educação das crianças

Variável	Coeficiente	Erro de tempo	Estatísticas z	Prob.
C	-2.775446	1.322908	-2.097989	0.0359
IDADE	0.065268	0.029411	2.219182	0.0265
INCOS	0.007209	0.002783	2.590880	0.0096
INCRIC	0.003425	0.001870	1.831406	0.0670
EDU	0.205095	0.069669	2.943827	0.0032
CHSCH	-0.790870	0.380574	-2.078095	0.0377

Média da var. dependente	0.840336	S.D. variável dependente	0.367843
S.E. da regressão	0.318608	Critérios de informação de Akaike	0.732669
Soma dos resíduos ao quadrado	11.47072	Critério negro	0.872793
Probabilidade de log	-37.59383	Critério Hannan Quinn.	0.789569
logaritmo da probabilidade residual	-52.25434	Avanço da verosimilhança logarítmica	-0.315915
Estatísticas LR (5 df)	29.32101	McFadden R quadrado	0.280561
Probabilidade (LR stat)	2.01E-05		

Obs com Dep=0	19	Total obs	119
Obs com Dep=1	100		

MIX
Papier aus verantwortungsvollen Quellen
Paper from responsible sources
FSC® C105338

Printed by Books on Demand GmbH, Norderstedt / Germany